管理平衡

SUNNY CHAI
MANAGING BALANCE

查毅超

管理平衡

香港城市大學出版社
City University of Hong Kong Press

| | |
|---|---|
| 項目統籌 | 陳小歡 |
| 撰著整理 | 蔡樹文 |
| 攝影修圖 | Phoebe Wong |
| 書封設計 | 蕭慧敏 |
| 版式設計 | 雷詠嫻、陳先英 |
| 編輯助理 | 陳嘉渭（香港城市大學中文及歷史系三年級） |
| | 陳寶怡（香港城市大學中文及歷史系四年級） |
| | 黃昕曈（香港城市大學翻譯及語言學系二年級） |

鳴謝

香港城市大學太赫茲及毫米波國家重點實驗室陳志豪教授提供場地拍攝。

本書部分圖片承蒙下列機構及人士慨允轉載，謹此致謝：
Getty Images: South China Morning Post (pp. 11, 43), Tim Boyle (p. 21), Guang Niu (p. 37),
Billy H.C. Kwok (p. 45), United Archives, Roland Neveu, NurPhoto (p. 61).

其他圖片由查毅超先生提供。

本社已盡最大努力，確認圖片之作者或版權持有人，並作出轉載申請。唯部分圖片年份久遠，未能確認或聯絡作者或原出版社。如作者或版權持有人發現書中之圖片版權為其擁有，懇請與本社聯絡，本社當立即補辦申請手續。

國際統一書號：978-962-937-678-9

出版
香港城市大學出版社
香港九龍達之路
香港城市大學
網址：www.cityu.edu.hk/upress
電郵：upress@cityu.edu.hk

**Sunny Chai—Managing Balance**
(in traditional Chinese characters)

ISBN: 978-962-937-678-9

Published by
City University of Hong Kong Press
Tat Chee Avenue
Kowloon, Hong Kong
Website: www.cityu.edu.hk/upress
E-mail: upress@cityu.edu.hk

Printed in Hong Kong

# 城傳系列

大半個世紀前，香港經濟逐漸起飛，後來更成為國際金融中心，當中有賴許多人默默耕耘，為香港的發展作出貢獻。他們憑着決心、勇氣、冒險精神及與時並進的態度，成為出色的領袖，帶領企業或機構創出佳績。

本系列專訪多位與香港城市大學甚有淵源的卓越人士，記述他們的成長經歷與打拼事業的經過，以及其在社會上作出的貢獻，藉此向年輕人分享他們如何排除萬難，在人生旅途創出高峰，期望把他們豐富的經驗、奮發向上的精神與獨特的人生哲學傳承下去。

## 編輯委員會

主　　席　　**黃嘉純 SBS JP**
香港城市大學校董會主席

總策劃　　**余皓媛 MH**
香港城市大學顧問委員會成員
扶貧委員會委員
青年發展委員會委員

**黃懿慧**
香港城市大學媒體與傳播系系主任及講座教授
香港城市大學出版社社長

# 目錄

## 第一章　「山寨」中成長

## 第二章　福田雜貨店

## 第三章　建平衡王國

查毅超

功績、獎項與社會服務簡介

黃嘉純

# 總序

香港城市大學在過去十多年高速發展，一直致力於促進知識轉移，推展前瞻性高等教育，並且專注學術、教研、創新、培育學生等，在社會上的影響力已獲得全球認可。

說到影響力，大學作為教育最高學府，除了科研及學術成就，最大的社會影響力莫如培育人才。十年樹木，百年樹人，城大雖然沒有百年的歷史，在國際間還是一所年輕大學，但創立以來，在教學上一直以無比的決心和毅力，發展學生的才能，培育出一代又一代的校友；到今天，他們很多已成就卓越，各自在所屬行業裏闖出了名堂；不少資深校友更能進一步發揮一己的長處，致力服務社會，成為各界公認的傑出人才。

更難得的是，不少校友在百忙中仍然對大學的發展非常關心，並透過他們的專業知識、社會網絡及資源，為在學同學提供學業指導、實習機會及不同的獎助支持。近年城大創辦了資深校友組織「城賢匯」(CityU Eminence Society)，就是希望能夠凝聚這些傑出校友，為城大的發展及在培育學生方面提供意見與協助。大學亦積極聯繫社會上不同界別的人士，冀能加強大學與各界人士的協作。

在過去的校友聚會及大學活動中，這些資深校友都樂意跟城大年青後輩分享其工作、創業，甚至人生經歷。啟發及

培育年青一代是教育的使命，香港城市大學出版社特意策劃這套「城傳系列」，專訪多位與城大甚有淵源的卓越人士，他們不獨在各自的界別中獨當一面，成就斐然，更擔任不同公職，對社會有重大的貢獻。通過與他們進行深入的訪談，此系列記錄了他們不平凡的人生經歷，冀能推而廣之將他們豐富的經驗、獨特的人生哲學與待人接物之道，與大眾分享，並承傳至城大以外的年輕一代，啟發更多青年人創出自己的一片天地。

黃嘉純 SBS JP

香港城市大學校董會主席

余皓媛

# 總序

我與香港城市大學的緣分在九龍塘「達之路」開始。「達之路」是以我爺爺「余達之」的名字命名，而城大座落於達之路上，因此我對城大特別有親切感。

這些年來，我和家人也打算把爺爺的資料——即「糖薑大王」余達之的故事整理出版，後來也因此出版計劃與城大出版社結緣。《余達之路——糖薑大王與戰後香港》一書從籌備、資料搜集、撰寫至付梓出版，過程並不容易，如要在世界各地的歷史檔案室尋找資料等，但感恩一直獲多方支持，書籍最終在 2021 年順利出版後，口碑不俗；更感恩的是，這本書分享了爺爺的企業家精神，啟發了很多年青人。

企業家精神在不同時代都一樣適用，只是場景不同。我從事兒童、青年及婦女工作二十多年，近年更有幸加入香港特別行政區政府的青年發展委員會，有了更多機會和香港青少年朋友交流，了解到他們對自己的未來雖然抱有希望，但在考慮及實踐生涯計劃之時，偶爾仍會感到迷茫無助。

一代人有一代人打拼事業的經歷。爺爺那一代，伴隨着香港早期百廢待興的工業發展歷史，有屬於那個時代的識見與智慧。以至我這一代，經歷着國家的發展，世界政經環境的變遷，產業結構的變化，事業機遇已不盡相同。我和

城大出版社全仁談起，都感到一日千里的科技發展，將影響着年青人未來的事業機遇，但大家都相信時代世道會變，產業結構會變，一些做人處事的價值觀卻不見得不一樣，仍然值得借鑒前人的經驗。

有見及此，香港城市大學出版社特意策劃了這套「城傳系列」叢書，旨在邀請與城大有淵源的社會賢達，記述他們的成長經歷與打拼事業的經過，以及對社會和教育作出的貢獻，希望能啟發年輕一代找到時代的機遇，實現抱負，施展才華。

香港城市大學人才濟濟、翹楚眾多，作為香港城市大學的顧問委員會成員，我努力嘗試將這項極具意義的出版計劃推廣開去，並非常高興得到社會各界人士對「城傳系列」叢書的大力支持，成就這套叢書能順利出版。我期待日後有更多社會卓越人士參與其中，將他們豐富的人生經驗和待人處世之道與大眾分享，鼓勵新一代青年承前啟後，闖出自己的一片天地。

余皓媛 MH

香港城市大學顧問委員會成員

扶貧委員會委員

青年發展委員會委員

陳茂波

# 序一

我與 Sunny 相熟是自他 2018 年出任香港科技園公司主席開始，我們在工作上，特別是就科技發展、初創公司培育等範疇有不少交流和討論。不過，還是在他邀請我為這書寫序，讓我能先睹為快地看了初稿，我才比較全面地了解到他緣何對科技創新有着一份堅持與熱情。

Sunny 年青時喜愛電腦編程，畢業後回港協助父母經營家族生意，積極透過電腦及科技的應用，推動產品設計與製造的創新，並提升廠房的營運管理，讓公司成功開拓出新的業務「藍海」。

敢於探索、勇於創新的精神，讓 Sunny 一直將興趣與事業相緊扣。他對科技創新的熱情，既在工作中體現，也反映在他對 STEM 教育的重視。對外在環境和事情充滿好奇心和求知慾，加上謙虛和務實的態度，成為 Sunny 事業成功的關鍵要素，也奠定他其後在公職服務中接連獲委以重任，為業界發聲並貢獻社會。

細看這本著作，不難發現 Sunny 的性格特點：好奇、熱誠、堅持及享受團體合作。這在他的不同人生階段和範疇裏，都始終如一。聽他娓娓道來如何與帆船運動結緣，便會更深刻了解他。原來引領帆船最快到達目標的路線不是一條直線，而是呈「之」字型的路徑。世事，往往不能想當然，而是需要我們虛心、認真的探索，才能洞察其中的竅妙。

Sunny 在書中分享了他的成長經歷和人生探索，其中他擁抱新事物的開放態度讓人印象深刻。的確，創新很重要，但隨着時間推移，新的東西也會變舊。發展到了某一點，必然會迎來另一個挑戰。變化與創新才是成功的永恒定律，這麼來看，我們在創科道路上或人生旅途中，便毋須再害怕挑戰與困難。勇於面對挑戰、直面困難，以創新思維尋求突破，一定會闖出另一片天。

陳茂波

陳茂波 大紫荊勳賢 GBS MH JP

香港特別行政區政府 財政司司長

梁君彥

# 序二

我與查毅超博士同為香港工業界代表。查博士自 2004 年獲得「香港青年工業家獎」後逐漸成為行業領袖，又以能者多勞、不忘初心的態度一直致力推進業界和社會發展。他多年來所付出的努力值得被肯定，為業界帶來的貢獻也是有目共睹的。因此當得悉他的傳記出版，邀請我作序，我欣然同意。

早於十多年前，查博士就以擔當香港工業界和公共事務之間的橋樑為己任。他一方面以工業家的身份給予香港各大專院校各種支持，培育更多有志青年投身現代工業；另一方面又擔任不同公職，尤其是有關創新科技及工業方面，如先後擔任香港應用科技研究院董事、物流及供應鏈多元技術研發中心董事局主席、香港科技園公司董事局主席、香港工業總會主席等，就公共事務、創科及推動本地再工業化方面有很大的貢獻。

查毅超博士透過他的經歷，向讀者展現出服務社會的責任感如何為他帶來跨領域的身份轉變，其「說到做到」的精神更值得讓人學習。盼讀者亦能有所啟迪，以為榜樣。

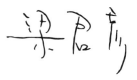

梁君彥 大紫荊勳賢 GBS JP

香港特別行政區政府 立法會主席

# 序三

我向來鼓勵年輕人要放眼未來，積極裝備自己，期待當機遇來臨的時候他們能以創新的思維方式，為香港發展創造更多可能性。查毅超博士是我非常看重的後輩。他在 2004 年開始以年輕工業家的身份服務工總，多年來除了擔當要務，致力為業界發聲，亦就如何為香港締造出更理想的營商環境出謀劃策。

我和查毅超博士相識了一段很長的時間，早已留意到他對帶動本地工業走向創新的貢獻。特別是在培育初創企業方面，他主動與香港各大專院校接軌，為有志的大學生提供支援、經驗交流和指導，延續香港工業的持續發展。

得悉查毅超博士欲藉出版本書向年輕一代分享他打拼事業的經歷，並邀請我為新書撰寫序文，當然欣然答應。亦在此勉勵讀者要迎刃而上，唯有克服困難才能把它化為良機。

鍾志平博士 GBS JP

創科實業有限公司聯合創辦人兼非執行董事
香港工業總會名譽會長

# 序四

科技的進步改變了不少行業的架構和營運方式，特別是步入資訊社會後，資訊數碼化成為營運企業的重要一環。查毅超博士在 1980 年代為福田科技有限公司完成生產管理流程電腦化工作，足以證明其創新思維及行動力。

我與查博士同為香港科技園公司董事局成員，近年來積極培育創科企業，努力驅動創科技術的發展，期望令香港創科生態圈得到全面的成長。當中，查博士作為董事局主席，一直扮演着至關重要的角色。

查博士上任後，帶領着科技園充分發揮香港的科研優勢，吸納本地及世界各地的創科人才，為本港的創科環境營造更好的氛圍。另一方面，查博士多年來遊走於商界與公職之間，亦深明為人處世之道，在不同持份者之中取得平衡。尤其是在與他共事期間，他「不卑不亢，不驕不躁」的特質得到充分的展現。最後，本人能為此書作序，心感榮幸。

蔡宏興

華懋集團執行董事兼行政總裁
香港科技園公司董事局成員

黃克強

# 序五

查毅超博士是香港工業家，年青時在工廠裏成長，一直到成為青年工業家，到工業總會主席。他對供應鏈運作、生產流程最細微的部分，以至宏觀工業和經濟發展，可謂了如指掌。查博士能動手、會管理、精通人脈關係，更有高瞻遠矚的策略頭腦，是香港工業的重心人物。

自從 2018 年出任香港科技園公司董事會主席，查主席全力推動香港創科生態圈發展，致力與香港院校加強合作，發揮基礎科研優勢，讓科研項目有更多機會落地。在過去幾年，他不斷引領科技園公司董事和管理團隊，面對社會對我們的期望，挑戰更多更大的考量指標。在他不斷的推動和鼓勵下，科技園每年的指標不斷提升，每年也能突破，為香港創科生態圈奠定堅實基礎。

創科與工業接軌，創科與工業接軌，香港科技園在查主席領導下，更上了新的台階。「強化科研—創新工業—融資」（Research–Innofacturing–Finance, RIF）就是他提出的概念。

他有一顆服務香港的心，在公營機構工作中，從來沒有一絲私心，全心全意為香港的未來操心和努力。

黃克強

香港科技園公司行政總裁

戚本業

# 序六

每當查毅超博士出現在大眾視野前，大家都只看到他是「磅秤大王」和創新科技的領軍人物，但很多時候卻將這種成功當成理所當然，忽略了他在背後付出的努力和汗水。

查博士在年輕時已有創新精神，從大學畢業後便立志於改革家族工廠，提出以電腦化改善生產管理流程，最初不被他人看好，但他沒有放棄，也沒有氣餒，反以行動證明一切，親力親為，仔細了解工廠的流程，最終成功取得父母及員工信任，成功改革工廠，大大提升生產力。

查博士擔任不同公職時，他深明平衡各方意見的重要性，不會一言堂，往往先取得不同持份者的共識，最終讓各方心服口服，成功令不同的政策能順利推行。

查博士的成功之路並不是一路順風的，但他每次都能以毅力和努力向他人證明，最終成為令人順服的領袖，衷心希望年輕一代的讀者能細閱本書，從查博士的人生中，學習到百折不撓的態度，即使遇到逆境，仍能從容面對。

戚本業

星島新聞集團新媒體總經理兼總編輯

# 序七

揚帆競賽好比一場修煉，克服驚濤駭浪，就能感受到從乘風破浪中帶來的喜悅。我與查毅超博士因帆船結緣，雖然他的大名早已傳遍業界，但他那股拼勁從未減退。本人蒙邀為本書撰序，不勝榮幸！

查博士曾分享帆船帶給他的啟悟：「順風時，給了我欣賞大自然的機會。暴風時，磨練的是心智。」儘管查博士在打理生意和擔任公職方面已經取得卓越成就，但他從未打算止步於此，反而突破自己，通過參與帆船運動，再一次走出自己的舒適圈，抱着勇往直前的信念，同時感染身旁的朋友！

「長風破浪會有時，直掛雲帆濟滄海」，這正正是本書所呈現出查博士的精神。本人在此對年輕讀者們寄予祝福，希望各位可從本書中傳承查博士砥礪前行和回饋社會的精神，齊心團結創建一個互助互愛的精彩未來。

彭孝書

彭孝書

歐力士（亞洲）有限公司董事總經理
香港遊艇會副會長

查毅超

# 前言

我生於香港工業飛速發展的 1960 年代，自小在父母工廠長大，所以我很早便對工廠事務和商業經營有了些認識。後來我遠赴美國攻讀工商管理，返港後便開始着手改革福田廠的管理及生產流程。摸着石頭過河，途中雖面臨不少挑戰和困難，但經過不斷的嘗試與調整，還是做出了不錯的成績。福田從最初的雜貨店式工廠轉型至「造磅王國」，不是我的功勞，而是因為家人的支持，以及一眾員工的辛勤付出。

創新科技產業，必然是香港未來的發展重心之一。近年來，我有幸獲邀擔任多項公職，作為香港科技園公司和香港工業總會主席，我一直致力於積極推動香港的先進工業和初創企業發展，希望能夠為香港，以及香港年輕一代的成長與成功作更多貢獻。古詩有云：「長風破浪會有時，直掛雲帆濟滄海」，駕駛帆船儼如人生縮影，就算天氣不似預期，也要憑藉毅力、耐心、恆心，以及適切的領導和平衡管理技巧，才能與團隊一起乘風破浪、揚帆遠航。

一路走來，我想感謝我父母無私的栽培教育，還有兄姐的貼心陪伴與支持。當然，我還想感謝我親愛的太太和孩子們，你們的愛與關懷，一直是我溫暖的港灣。正所謂「德

不孤，必有鄰」，感謝我身邊的許多同儕、前輩和好友，從他們身上，我亦收穫了不少智慧與經驗。

這本書濃縮了我的人生經歷和心得，希望年輕讀者能從中獲得些許啟發，走出自己的人生道路。最後，這本書得以順利面世，亦有賴於「城傳系列」編輯委員會的總策劃余皓媛女士、香港城市大學出版社仝仁，以及各位撥冗賜序的前輩好友們，在此一併致以謝意。

# 管理平衡
MANAGING BALANCE

# 第一章
## 「山寨」中成長

「那是我出生、長大的『秘密花園』，當然不會嫌棄！」

查毅超自小便在父母開辦的工廠長大。大學選科時，查毅超跟從家人建議，選讀了工商管理，但他心儀工業設計和與電子工程。

在平衡父母期望和個人興趣之間，查毅超慢慢找到了自己的方向。

大半個世紀前，香港經濟逐漸起飛，後來更成為國際金融中心，當中有賴許多人默默耕耘，為香港的發展作出貢獻。他們憑着決心、勇氣、冒險精神及與時並進的態度，成為出色的領袖，帶領企業或機構創出佳績。

查毅超先生是福田集團控股有限公司董事總經理，有「磅秤大王」之稱，2018 年 7 月獲委任為香港科技園公司主席，2021 年獲選為香港工業總會主席，2023 年獲香港特別行政區行政長官頒授銀紫荊星章勳銜 (Silver Bauhinia Star, SBS)。查毅超的成功絕非偶然，他馳騁商場成

就不凡，沒有經年累月的個人意志與毅力和打拼，就沒有今天的成功。

查毅超於上世紀 60 年代出生，自言是個不折不扣的「廠佬」，父母及長輩愛叫他「肥仔」。雖然其事業生涯從回歸家庭山寨廠

起步，但奮發多年，現在頭頂上多個公職名銜，讓人無法輕易把他與一位傳統「廠佬」掛鈎。他除了自 2023 年被委任為第 14 屆全國政協港區委員之外，還是香港科技園公司董事局主席、特首顧問團成員（創新與創業）、香港工業總會主席、引進重點企業辦公室引進重點企業諮詢委員會委員、香港貿易發展局創新科技諮詢委員會主席等。有趣的是，一位來自現代人認為屬舊經濟體製造商企業的工業界翹楚，卻擔任了多個創新科技有關的公職。

年幼時，查毅超坐在父母山寨廠的紙皮箱上，在「啤機」轟隆聲中做功課，累了乾脆在紙皮箱上睡覺。初中學業成績一般，母親要到處敲門求學校收錄，他坦言自己讀書成績平平。反而是年幼時一些行為特質，對周遭人與事觀察入微，經常有一些古靈精怪想法，對成就他的事業有很大幫助。由唸書時表現差強人意的「廠佬」，到與創新科技結緣，成為了「磅秤大王」，他走過了不為外人所道的彎曲路途。

賽帆船是查毅超最熱愛的運動，他的打拼過程滲透出來的潛意識，其實與他熱愛的賽船運動的特質頗為類同。究竟是個人潛意識讓他與賽船結緣？還是賽船誘發其正能量，將潛藏體內的潛意識發揚光大？現實是，賽船着重釐析現場環境、果斷作出判斷、激發團隊信念。賽船與人生，已經融為一體，重點是該如何管理各項平衡。

查毅超早前已獲
銅紫荊星章勳銜
於 2019 年
由時任特區政府
行政長官
林鄭月娥頒授

### 查氏初來港

查毅超成長故事，還須從上世紀 40、50 年代，查毅超父親查文宗的經歷說起。在上海出生的查文宗，是其母第 11 名兒子。因為查文宗的親叔叔膝下猶虛，其父母將查文宗過繼予親叔叔做嗣子。40 年代末上海解放，查文宗的繼父母帶着查文宗一路南下到了香港。

上世紀 40、50 年代的香港，大量外來人口湧入，他們除了身上學到的本領，大都囊中羞澀。查毅超的爺爺乃當年的「文藝青年」，中樂造詣頗高，曾隨中樂團到歐美演出。但在那個混沌年代，這些技能未必能幫家人糊口，解決溫飽。

查文宗隨繼父母來港初期，住在九龍城。查毅超憶述嫲嫲曾經說過，當時有一些 40 年代在上海享負盛名，曾演京劇的武生來港，同樣於九龍城落腳，與查文宗父母為鄰。由於同是來自上海，同是講「阿拉」的上海話，同聲同氣之下，和查家也有來往。嫲嫲笑言，若不是查文宗的骨骼「未夠精奇」，可能會轉靠演戲為生。

查毅超家父
查文宗
及其畫像

查毅超家母
李素華
及其畫像

如果查文宗選擇了另一條人生軌跡，不知道他還會否跑到塑膠廠製作模具？會否邂逅查毅超的母親李素華？夫妻倆會否一起打造自己的山寨廠？正是當年父親走進了香港工業界，造就了今天「磅秤王國」的故事。

由內地來港初期，查家仍能安排查文宗延續在上海未完的小學課程。天意弄人，在九龍民生書院唸了一個學期，家庭經濟開始拮据，無法支付學費，查文宗當時跟大部分初到貴境移居香港的朋友一樣，轉到工廠當學徒賺錢養家。50、60 年代的香港，是個沒有法例保障童工的年代，經濟困難的家庭，唯有早早將子女送到工廠學師，學門手藝，幫補家計，儘管收入微薄，至少可解決三餐及住宿問題。

## 嚴師出高徒

年紀輕輕的查文宗踏出社會，在上海師傅的工廠當學徒。在那個人浮於事的年代，於工廠當學徒非常刻苦，白天在工廠工作，一日三餐在工廠解決，晚上還需在機器旁邊搭起一張帆布床倒頭便睡，一覺醒來，收起布床，接下來又是辛勞一天的開始，偶爾更需要幫師傅做清潔甚至洗熨衣服。對自幼由傭人照顧，追求「生活工作要平衡」(work-

1950–1960 年代香港的工業
戰後香港的工業經歷重大轉變，新興
產業隨着科技進步和生活方式的改變
崛起，包括紡織、塑膠、電子等，當
中以電子業的發展勢頭最為強勁，不
少外資公司於 1960 年代來港設廠，
帶動精密電子零件的生產，是香港製
造業的重要支柱，成就「亞洲四小龍」
之一的美稱。

life balance) 的時下年輕人而言，這種另類的「生活與工作的融合」(work-life integration)，一定把他們嚇怕。

嚴師出高徒，查文宗的師傅對徒弟嚴厲，一旦查文宗未按師傅的意思完成工作，師傅一句上海話「儂家笨！」（粵語曰，你咁蠢），緊接着便是一記響亮耳光。捱過數不清的「儂家笨！」與掌摑的洗禮，「紅褲子」出身的查文宗，很快掌握了機械、模具相關的技術知識。

上世紀 50 年代，香港塑膠業正處起飛階段，查文宗「滿師」後，便加入一間塑膠廠工作，專責做模具以生產塑膠製品。心靈手巧的查文宗，十八、九歲已成為塑膠廠模具部主管，並在塑膠廠邂逅了任職會計的李素華。

## 父母親結緣

李素華來港前在廣州著名的華南師範學院（現稱華南師範大學）攻讀化學系。來港後原計劃入讀於 1951 年由香港基督教教會代表創辦之崇基學院繼續學業，後決定先工作加入塑膠廠任會計，也因此與查文宗結緣。

上世紀 60 年代是香港工業，尤其是加工業起飛的年代，以家庭式經營的製造廠如雨後春筍，小型工廠開始湧現，父輩們開設「山寨廠」，一家大小便在山寨廠埋頭幹活，以較

紅褲子
「紅褲子」指基層出身，不依靠關係或學歷，憑個人能力晉升高位的人。有這樣一個傳說：有戲班表演觸怒了玉皇大帝，便命令火神華光燒毀戲棚，唯華光於心不忍，囑戲班焚香化寶，穿上紅褲，營造火災假象，最終得以逃過一劫。自此，戲班弟子愛穿紅褲練習，逐步晉升花旦小生。

低技術製造假髮、車衣、剪線頭、裝嵌、「穿膠花」等。也有許多家庭變成家庭式作坊，一家人不分長幼都從事「外發」工作，於工廠接一些塑膠玩具零件或者膠花回家裝配。其中穿膠花更是上一代人的集體回憶，許多 60 年代或之前出生的「老香港」也知道，一「籮」(gross) 人造膠花等於 144 件。因為當年工廠外發裝配的塑膠玩具、人造膠花是以「一籮 144 件」以計算工資。

查文宗與李素華共偕連理後，便一同離開了塑膠廠外出創業，先在北角書局街地舖開廠，但不敵天災，工廠被水淹而倒閉，其後工廠開開停停。幾經周折，二人創立了「福田」廠，時為 1963 年，也正式開展了查文宗與李素華從山寨廠發展至福田集團之壯大之路。

父母創辦福田廠不久，查毅超出生，家中四兄弟姐妹，他排行最小。查毅超自懂事以來，已記得福田是在筲箕灣大石街一棟唐樓地舖設廠。當時，地舖是機房工場，樓上是工場和寫字樓。


## 「失衡」的成長

可能是「孻仔拉心肝」，父母對兩個哥哥及一個姐姐管教特別嚴格。查毅超回憶，打從他唸幼稚園開始懂事，每天晚

穿膠花
1960、1970 年代，塑膠花在歐美廣受歡迎，市場需求極大。由於塑膠花後期加工簡單，許多廠家都會外判給基層市民，不少人都會將原料帶回家中，動員全家老少一起「穿膠花」，幫補家計。1969 年，香港生產的塑膠花佔全球塑膠花貿易的 80%，被冠以「塑膠花王國」。

啤機
啤機，又稱注塑機，以塑膠成型模具，將熱塑型塑膠製成各種形狀的塑料製品，而這些注塑產品則稱為啤件。

上三個兄姊都會被「籐條炆豬肉」，即使三人考試成績名列前茅，結局也難逃體罰。他這個「蠔仔」，享有與兄長及姐姐迥然不同的自由度，幼稚園下課後，查毅超便被安排在工廠流連。伴隨他長大的，是不斷重複的「啤機」聲，廠房內一堆堆原料、成品及包裝紙箱，紙箱是工廠內最安全的區域，也是查毅超的「小天地」，他喜歡在上面做功課、玩耍甚至打盹。

在工廠內，工人如常工作，父母如常接見客戶商討生意，這一切都深深印在查毅超腦海，他回憶：「我會坐在那裏，細心聆聽爸爸媽媽和朋友交談，從小就知道誰來傾談合作，誰來記賬借貨。」父母與生意伙伴吃飯聯誼，也會帶同查毅超出席，他更因此自小便認識了許多工商界長輩。

父母這樣的安排，令查毅超感到不解，直至後來才從母親口中得知，這做法其實是他們刻意部署的計劃。三兄姊幼承庭訓，父母對他們管教甚嚴，到了教養毅超就破格一試，採取較寬鬆的管教方式，對毅超的成長或許更為合適。這種讓人意想不到的安排，一種偶爾的失衡，或許才能帶來真正的平衡。

從小在工廠蹓躂的查毅超，與三兄姊最終走上一條不一樣的路，八歲他已經在工廠幫忙。「三年班，我已經在工廠做

查毅超
童年照

些粘貼紙箱的簡單工作，二哥甚至年紀輕輕便跑到最前的
生產線幫忙，更可支薪！一個還在唸小學的學生，已經懂
得操作啤機啤製塑膠。」查毅超這樣形容他們的童年生活。

儘管工廠的環境髒亂，與中環寫字樓相差甚遠，從小在工
廠長大的查毅超卻從沒嫌棄，他直言：「那是我出生、長大
的『秘密花園』，當然不會嫌棄！何況當時我從未看過商廈
林立的中環，當中的甲級寫字樓究竟是何模樣？那時的我
還沒什麼概念。」更重要是，喜歡拼砌模型的他，發現工
廠的設備應有盡有，漸漸也成為了他的小小天堂。

### 第一次集資

小學六年級，查毅超已經擁有一輛讓成人操控、於美國製
造的遙控模型車。如何擁有遙控模型車的故事，還須從他
第一次運用財技找人「配對集資」說起。

當年，查毅超看見一名家境不俗的同學，擁有一部美國製
造的遙控模型車。這輛模型車連遙控器售價為港幣 1,000
元，整輛玩具車像積木一樣，不同零件須按設計圖逐一砌
出，若交他人代砌，需另付港幣 300 元。

1960 年代
查毅超
一家人的合照

跑到現具店，看到在櫥窗陳列的遙控模型車，查毅超心癢難耐。奈何平日零用錢不多，囊中羞澀，如何買到心頭好？ 70 年代中，1,000 元不是少數目。於是，機靈的查毅超竟然想到用眾籌集資方法。他先向大哥入手，表示希望家人集體資助他購買遙控模型車。大哥回應：「你自己儲到錢再說。」查毅超即時表示：「倘若我儲到 100 元又如何？」大哥當然知道，眼前這個小學尚未畢業的幼弟，每天的零用錢不多。現實是，當時查毅超的錢罌純作擺設之用，內裏只有幾塊錢。

大哥即時爽快表答道：「好的，你儲到 100 元，我立刻額外給你 100 元！」接着，查毅超將同一番話，向二哥及姐姐說。兄姊們都認定查毅超短時間內必定做不到，都想隨隨便便的去打發他，自然不假思索答應他了。

為實現「配對集資」這偉大計劃，查毅超原來早有自己的小算盤。他先向祖母入手，從祖母手上「徵集」100 元。憑着祖母給他的「種子資金」，他分別再向其他人集資，終於籌募了 500 元。距 1,000 元的目標只差一半。接下來，查毅超將「目標客戶」鎖定為其父母，出盡法寶，最終獲得父母「額外注資」，有驚無險，就是這樣，圓了他買入遙

控模型車的夢想。其實，三兄姊都知道這個弟弟的策略，只是給他一個台階，幫助他買到喜愛的玩具。

擁有了成人才應有的遙控模型車後，查毅超並沒有就此滿足。拿模型車與朋友比拼，才發現自己的模型車速度太慢，其他的模型車往往在身邊絕塵。他希望不斷優化、不斷改裝模型車，於是求救父親，很快便更換了由日本生產、扭力更強的摩打，模型車的速度亦自然獲得提升。

信心滿滿，查毅超再接再厲和朋友到銅鑼灣維多利亞公園的模型車場比賽，然而，換了新摩打的遙控模型車，速度是改善了，但仍有不少缺點，特別是經碰撞後，自己的模型車並非穩勝，於是又向父親求教。父親建議利用尼龍纖維，改動車頭保險桿（bumper）設計，調整車頭保險桿設計及高低後，便可以毫無顧忌直撞別人的車輪。經父親提點，查毅超先動手粗略地畫了草圖，然後按圖紙在工廠的車床，將尼龍纖維拉成自己設計的保險桿，成功安裝在戰車上。

年幼時眾籌集資、利用各項技術改進產品，加強自身優勢，憑着這種自幼養成的思維方式，加一點「古靈精怪」的構想，查毅超的事業發展探索就是這樣開展。

### 不半途而廢

儘管幼時喜歡砌模型，愛天馬行空忽發奇想，查毅超坦言自己的學業成績一般，亦比不上三個哥哥姐姐。他們學習成績優秀，中小學也可以考進名校，其後都可以入讀心儀的大學，並取得驕人的成績。從初中到高中，查毅超學業與兄姊們形成強烈反差，中五參加公開考試更因為成績一般，一度考慮留班重讀。在母親堅決反對之下，查毅超打算到海外升學，好不容易才找到一間在美國的寄宿學校，可以讓他繼續學業。

當年，查毅超在大哥、二哥及姐姐陪同下，抵達美國東岸麻省的威爾布拉漢 (Wilbraham, Massachusetts)，準備入讀寄宿預科學校，需到學校辦理入學手續的前一晚，四人一起入住學校附近的旅館。晚上，二哥語重心長地勸他：「這次終於找到美國這所學校，你緊記不可半途而廢。」就是這句話，觸動了查毅超心靈深處，暗地裏對自己說：「我不要再貪玩了，要珍惜這機會，好好讀書。」

此刻的查毅超「實迷途其未遠，覺今是而昨非」。

放洋留學，查毅超慢慢變得成熟起來。每年中學甚至大學的暑假，查毅超都會乖乖的回到工廠幫助父母，在工廠收拾整理東西之餘，也勤做跑腿到洋行收取支票。當年的洋

查毅超四兄弟姐妹
在美國的大學相聚

行一般都享有高高在上的優越地位，到洋行取支票，動輒要輪候一兩小時。由於父母從小多帶同查毅超應酬見客，有一些父輩的生意伙伴都認得這個「肥仔」，因而省卻了不少輪候時間。

在美國讀中學讓查毅超有機會反思過去，獲得「重生」的機會。雖然查毅超有在工廠幫忙的往績，但父母更重視子女的學業，「放洋」美國也不會給他太多錢花，要學習節儉。

一番寒徹骨

當時，查氏四兄弟姐妹除了二哥在香港大學唸書，大哥、姐姐與查毅超都身處美國。母親早作安排，查毅超在美國的使費，都由大哥及姐姐保管，由哥姐兩人定時「配給」予查毅超。

正是這樣的安排，查毅超留學期間並沒有機會如今天不少留學生可以過奢華的生活，日常開銷反而更有點吃緊。偶然有些家庭環境不俗的同學叫外賣，饞嘴的他才會和同學一同分享美食。

洋行

洋行是舊時華人和洋人的國際貿易商行，歷史可追溯至清朝時期，主要提供商品出入口、轉口、物流服務。在香港，怡和洋行和太古洋行是歷史悠久、財力雄厚的兩大洋行，參與了本港的貿易、金融、航運等主要行業。

1980 年代
查毅超
與家人合照

饞嘴可以忍受，嚴寒卻最難捱。查毅超唸書的學校地處美國東北部，冬天極為寒冷，備妥適當衣物來「平衡」冷熱，也是一門學問。

每逢隆冬，來自韓國、泰國的學生，都會穿上禦寒的雪靴及雪褸上學。風雪交加，天寒地凍，查毅超腳上穿的卻不是雪靴，而只是一雙完全沒有禦寒功能的普通鞋履。同學都嘖嘖稱奇，問道：「你穿得這麼單薄回校上課，不冷嗎？」

學校規定，上課必須穿着西裝外套，同時搭配裇衫，但因為查毅超沒有雪褸禦寒，只能在平價市場購買廉價的禦寒衣物，其中保溫內衣（insulate underwear）既便宜又實用，是個不錯的選擇。可是問題來了，保溫內衣雖可保溫，物料卻極不透風，外出時為抵禦室外寒風，要穿上兩件保溫內衣保暖。但回到室內有供暖設施，穿上保溫內衣便帶來莫大的煩惱，甚至試過出現汗流浹背的情況，箇中滋味，不足為外人道。

令查毅超畢生難忘的另一段經歷，要數在寄宿學校的一次長途車旅行。1983 年的聖誕節，當時只有十來歲的查毅超獨自出遠門，打算與身在美國康奈爾唸書的大哥和姐姐相約過冬。

北美流行的
「灰狗」巴士

從春田市（Springfield）開車往康奈爾，只須六小時，坐巴士要花十小時。當天查毅超出發到了長途巴士站，才發現原先計劃乘搭的「灰狗」巴士（Greyhound）罷工，被迫轉搭其他長途巴士前往康奈爾。在那個沒有流動電話的年代，查毅超只能找投幣電話機聯絡姐姐，告之「灰狗」罷工，要轉搭其他長途巴士前往。

巴士到站後，天又開始下雪。寒風凜冽，當地流行的 CB 保暖夾克賣一百多美元一件，對當時每月只有 100 美元零用錢的查毅超而言，實在沒法負擔。查毅超身上只掛着薄棉外套，只好繼續躲在巴士站內避寒，等候大哥姐姐來接車。

苦候多時，大哥和姐姐仍未見身影。到了晚上十點，車站要關門，巴士公司職員敦促查毅超離開。那一刻他舉目無親，身上僅餘 30 美元。在徬徨無助之時，查毅超開始靜下來，盤算一下：大哥與姐姐遲遲未出現，極大可能他們走錯地方，因為下車地點並不是原來約好的巴士站。平衡，不應該是靜止不動，是在每一個動態中作出微調，以取得平衡的狀態。情緒上取得平衡後。查毅超向路旁的計程車司機打探：「從這裏坐到『灰狗』站花多少錢？」的士司機

答道:「5 美元。」他便答應請計程車司機把他載到「灰狗」巴士站。

終於抵達巴士站,站內仍是烏燈黑火,一個人也沒有,查毅超心中頓時涼了一截。唯有再花 5 美元,乘的士回到原來車站。身上除了那 20 美元,便只有那份異鄉異客的孤冷。

不想「坐以待斃」。查毅超記起有一年的暑假曾到過大哥在伊薩卡(Ithaca)的住處,便問計程車司機車費多少,原來需 60 至 70 美元左右。查毅超也不再想太多,怎樣也比起留在這兒呆等好。

車子終於開到了大哥的住處,看見哥哥房間沒有燈火,查毅超心中即時暗叫不妙。他看見樓下住戶的房間亮着燈光,便請司機稍候,然後硬着頭皮向房客道明來意:「我是住在樓上那個房客的弟弟,兄長失聯未能接車,我帶的美金不太足夠,可否幫忙?」。那房客便借了幾十美元給素未謀面的查毅超。而查毅超在樓梯呆坐了一個多小時,終於見到兄長。原來大哥也是心急如焚,駕着車不停在兩個巴士站之間來來回回找他。

查毅超在
羅徹斯特理工學院
上學的日子

經過閉門苦讀，查毅超終於考進了紐約的羅徹斯特理工學院（Rochester Institute of Technology）唸工商管理，實現了來美唸中學時許下「不半途而廢」的承諾。

## 找自己專長

人生不同階段都會面臨不同的抉擇，踏入大學校門，選科變得非常重要。查毅超的興趣原本是唸工業設計，但兄長們不同意，建議他唸工商管理，畢業後回港在工廠幫忙時比較合適。他也同意這個建議，並且發現，工商管理的選修科中，竟然有一科管理資訊系統（Management Information Science [MIS]），即時有一種如入寶山的感覺。

雖然查毅超心儀工業設計，實際上卻是個電腦迷。初中時，查毅超已經跟母親表達希望學習電腦知識，他曾經利用暑假，專修電腦知識，並曾經接觸 Commodore 64 電腦，父親於是透過台灣的朋友，弄來一部產自台灣的蘋果電腦。當年的家庭電腦仍未普及，只有在大學才會教授各種電腦知識。查毅超到美國可以學習程式設計語言 Pascal，提升編寫程式能力，隨心所欲地在電腦知識海洋中暢泳。

儘管大學修讀工商管理，選修科管理資訊系統（MIS）的內容，卻是包羅萬有，他將所有與編程有關的課程一網打

Commodore 64

Commodore 64（康懋達 64）是一款於 1982 年推出的家用電腦，得名於其 64KB 的記憶體，獲得健力士世界紀錄「史上最暢銷的電腦型號」。該型號開創了許多先例，是第一款內建 FM 音源和多色精靈的電腦，讓人們第一次可以聽到音樂和看到多彩的影像。

Pascal 程式設計語言

Pascal 是電腦通用的高級程式設計語言，由瑞士教授 Niklaus Wirth 於 60 年代末設計和創立，並命名為 Pascal，以此紀念 17 世紀法國著名哲學家和數學家 Blaise Pascal。Pascal 是第一個結構化的程式語言，不但層次分明，而且程序易寫，因此廣受歡迎。

查毅超
在羅徹斯特
理工學院
的畢業照

盡，差點將 MIS 課程變成主修科。遇到心儀科目，加上初中已經接觸電腦基本知識，此刻的查毅超在學業上如魚得水。每次上課，教授邊授課，他邊在自己的坐位埋頭做習作，下課已可以完成。偶然更會指導同學。大學最後一年，他更成為班中編寫程式的骨幹，頗受同學歡迎。

某一天課後，教授走到查毅超身邊，問他的功課為何這麼快完成？查毅超不加思索地回答：「我喜歡這一課，課餘會繼續花時間研究這門學科。」於是教授聘請了他作兼職寫程式，當時在麥當勞快餐店工作，時薪為 3.8 美元，查毅超享有時薪 8 美元優厚待遇，甚至大學四年級最後一期學費也可以靠兼職支付。

只要找到自己的興趣，裝備好自己。機會總會出現。

工作過程遇到個小插曲：教授要查毅超編寫的程式其實不太複雜，他也很快完成教授指定的部分，然而教授專門為此項目招聘回來的編寫員，工作效率偶然會及不上查毅超。查毅超細想，不應隨便打爛別人飯碗，便有意無意的將編寫程式速度放慢一點。

查毅超上了這節「人生課」，明白達標有很多方法，如何顧己及人並取得平衡，才是成功的關鍵。

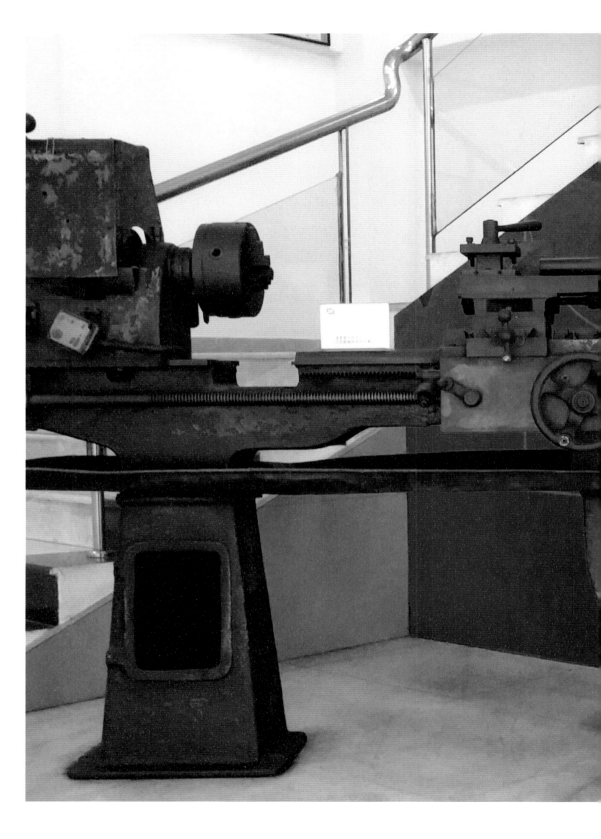

第二章
福田雜貨店

「福田雜貨店」是查毅超的小天地，裏面甚麼古靈精怪的事物都有，把創新與研發的種子，悄悄地埋進了他的心田。

福田廠走過了從上世紀 50、60 年代家庭經營的「山寨廠」模式，於 70 年代搭乘香港經濟起飛快車，共享亞洲「經濟四小龍」成果。80 年代，在祖國改革開放東風感召之下，查氏與其他港資廠商一同走進深圳，憑着內地低廉的土地資源與工資成本，工廠規模迅速發展壯大。

在生產經營模式上，福田集團亦經歷了不同發展階段，從「山寨廠」步向早期「小而全、大而全」經營方法。為了節省造磅成本，提升造磅毛利率，從小到一條彈簧、商標印製、包裝紙盒製作都不假外求，基本上「一條龍」全部自己生產。

然而，講求社會分工的今天，這種「小而全、大而全」「不求人」的生產模式，因為生產成本過高，面對經營成本壓力，變得不合時移。福田集團轉變成擁有自己品牌，依靠自己研發新產品，將生產外包。近年，福田集團更順應全球科技化大潮，成為創科弄潮兒，投資在創科產業。

1950、1960 年代的香港，求生存是大多數人必須面對的現實問題，解決一日三餐温飽，是所有家庭第一要務。同樣地，在激烈競爭中，「山寨廠」也要面對如何生存下去的問題。

山寨廠

50、60 年代，香港的工廠除了個別有規模的「龍頭」工廠外，有不少依附在「龍頭」工廠，為大廠加工的「山寨廠」。「山寨」規模細小，只須幾台機器從事生產，如以家庭式作坊形容，更為貼切。「山寨廠」規模不大，工人數目不多，但勝在「船細好掉頭」，容易適應不同產品的加工要求。當年的「山寨廠」對香港經濟起飛添磚加瓦，作出不少貢獻。

## 巧手造車床

查毅超的父親查文宗離開塑膠廠創業，廠房可以租，但沒有機器的廠房只是空殼。查文宗創業之初，與師弟二人合力製造出一部「山寨版」車床，這部「山寨版」車床，為福田由「山寨廠」走向大規模工業的生產過程作出很大的貢獻。六十多年後，這部「山寨版」車床雖然從生產第一線退休，但作為福田的開業功臣，至今存放在深圳寫字樓。

查文宗開廠初期，與很多當年其他「山寨廠」一樣，製造膠花，短期可以維生，長遠而言始終無法與大廠競爭。查父腦筋靈活，想法前衛，經常天馬行空構思一些標奇立異產品，亦懂得從外國產品中發掘靈感，善於模仿汲取別人產品優點，變成自家產品。

1970 年代初，香港廠家最近的取經地點是日本，廠家經常到日本發掘新產品獲取靈感。查毅超小時候，父親每次到日本必定搜購了大量香港沒有生產的各式小型產品，如露營燈、電筒、光管、鬚刨等等，然後逐一拆解研究，預估有市場的便嘗試仿製及升級改造。

早年的福田，就像雜貨店，千奇百怪，甚麼東西都有。查毅超印象最深的，是父親不斷挑戰難度，製作出愈加複雜的產品。其中一項，是一輛小孩最喜歡的玩具火車，裝上

家父用過的
車床工具
保存至今

摩打，能在路軌上走，再加上簡單裝置後，火車煙囪能邊跑邊噴煙，非常有趣。父親也曾經製作了一個汽車泵，他忽發奇想，將汽車泵與電筒結合，製成一個電筒汽車泵。當然，不是所有新產品都獲市場接受。只是研發新產品，不一定要高科技，關鍵是有創新的想法。

## 心靈雜貨店

查毅超年幼時在工廠千奇百怪的「雜貨」陪伴下成長，目睹父親不停地重複拆卸與裝嵌「雜貨」，讓他幼小心靈中留下不可磨滅印象，同時埋下了追求創新的種子。

電子產品是那年代工業產品發展的大趨勢，查文宗曾希望研發新的電子產品打入市場，卻曾經有過「一朝被蛇咬，三年怕草繩」的經歷。查文宗為了追上潮流，當年曾聘請了一個電子工程師，希望改進裝在電筒裏的電子線路版設計；結果，電子線路版設計差不多完成的時候，那位電子工程師突然辭職，連電筒的電子線路版設計都帶走，拿給另一間廠生產，原本自家研發的創新產品變成別人的生財工具，那年代知識產權概念模糊，這種情況屢見不鮮。查毅超的母親非常生氣，父親也暫停了自家生產電子產品，凡涉及電子零件的工序，都選擇交到外面的工廠生產，原

來打算為加強福田研發實力開設的電子工程師職位，亦暫停了聘用，直到查毅超從美國回來，福田廠才重新啟動與電子產品相關的研發與製造。

## 管好資金流

1950、1960 年代的創業者，經歷過戰亂洗禮，憑着一雙手創造出一片天背後，做生意的信念都是嚴控資金運用，相信「一蚊一蚊賺回來，一蚊一蚊儲起來」。要省吃儉用積累資本。

父母創業初期，母親在工廠管行政和財務，受夠了債仔遭人白眼的滋味，她的理財觀念很簡單，「不要亂花錢，有錢儲起來」。任何投放資本購買廠房添置機器，可以的都盡量不向他方籌募，這與今天的資本市場鼓勵大眾借貸舉債不問中介，觀念很不一樣。

80 年代，福田廠搬到港島鰂魚涌東達中心的廠房，擁有兩條生產線，約 60 名工人，寫字樓有四人負責行政及後勤工作。廠房大了，生產力加強，80 年代中，福田年營業額可達一千多萬。時值香港經濟起飛，營商環境較為理想，生意毛利率可以達到四成，是福田發展起來的一個重要階段。

早年福田製造的
手提照明燈

早年福田製造的
氣車用小型吸塵機手

## 向海外進軍

早期香港的中小型廠商，大部分是透過洋行和海外商家做生意，語言與文化的隔閡，造就了一班「買辦」從中獲利，從事製造業的廠家，都要把辛苦賺到的利潤多分給一層中間商。於是，香港貿易發展局定期出版一本推介香港廠家產品的商業雜誌 *Hong Kong Enterprise*，方便本港商家開拓海外市場，同時可以連結廠商獲取其他行家產品的有關訊息。當然，在雜誌刊登廣告，在當時是個不輕的負擔。

比起一些大公司賣全版廣告，福田開首試試水溫，選擇刊登四分一版。版面細少，要盡量爭取空間排版放置有潛在買家的產品，同時配合這推廣計劃，專門聘請了一位懂英語的文員與海外客戶溝通及接單。直至 80 年代後期，福田透過中介洋行接回來的生意，與自家與海外客戶直接聯繫的，比例已升至各佔一半，令公司發展更為健康。」

## 福田廠北遷

1980 年代中後期，香港的產業北移情況加速，電腦在商業運用亦開始普及，兩大因素，為製造業帶來新的機遇與挑戰。

早年福田製造的
車用警鐘系統

福田在 2002 年 *Hong Kong
Enterprise* 刊登的廣告，由
過去四分一版的家電廣告，
改為一整頁的磅秤廣告。

內地改革開放全面推動，積極吸引港商回內地投資設廠，
在國家政策感召下，查文宗深感回內地投資設廠，低廉的
地價及工資，有利福田未來發展。搬遷工廠回內地擴大生
產，不可能一蹴而就。查文宗與查毅超商量，若他有興趣
學成後回港接班，福田便積極考慮將工廠遷入內地。若不
回港接班，工廠北移計劃便暫停。最終，查毅超答應了父
親，回港接班。

1988 年 8 月，查毅超大學畢業從美國回港。

如不少家族企業的發展模式一樣，福田廠也出現了「世代之爭」，年輕人對舊派的人及其處事方式，往往跟自己的認知存在很大的差距。查毅超回到陪伴他成長的小天地，發現生產流程仍然依賴一本紅黑硬皮簿作記錄，工人估算生產材料偶然仍會依靠目測；一時之間，他感到對工廠的營運方式並不是可以輕易掌握。

那邊廂，父母和一班工廠老臣子，看到這位當年在啤機旁小紙箱玩耍的「肥仔」開始認真做事，難免有點半信半疑。

### 驅動與阻力

在思考如何現代化福田廠的管理時，懂得電腦編程的查毅超，認為利用電腦管理是大勢所趨。大學畢業前一年，他曾經利用暑假回港工作，協助一間製衣廠編寫電腦程式，方便進行電腦化管理。這段工作經驗既開拓了他的眼界，也為對福田廠現代化鋪墊了基礎。

1980 年代的香港紡織業蓬勃，設有不少大型製衣廠，一些龍頭企業，工人人數可以接近 3,000 人。當時，無論具規模的工廠或者山寨廠，許多也面臨是否該由全人手管理轉

紅黑硬皮簿，相信香港各行各業，公司學校，工友學生，大部分在沒太多選擇的年代也喜愛用它作筆記。

向電腦化管理的抉擇。即使實施了電腦化，工人如何適應電腦化後的工作環境，也是個不易解決的問題。

查毅超參與了製衣廠的電腦程式編寫工作，透過接觸不同部門，了解他們的運作與需求，從採購程序、收貨、品質檢查，所有流程都必須深入了解，才能進入編寫程式階段。最終，查毅超完成了該製衣廠生產管理流程電腦化工作，再回到美國繼續學業。

當然，查毅超很清楚，回到家族公司工作，必須面對上一輩的批評，要實現個人的理念大展拳腳，必然會面對許多掣肘，特別是父母的看法，兒子很難直接反對。必須加倍努力做出成績，才可以讓父母及工廠老臣子接受。

### 母親的「鼓勵」

一天，查毅超決定身體力行，把家中自用的個人電腦搬回工廠，希望編寫一個簡單的電腦程式，先行簡化銷貨發單的工序。母親看到有點納悶，認為兒子在工廠，應該有其他更重要的事情要學要做。

好不容易完成了撰寫電腦編程後，另一個更大的難題，是教曉工廠的工友使用，而不影響不能停下來的生產工序。

1980 年代香港紡織業
仍然蓬勃，但當時不少
傳統工廠也面臨是否要
電腦化的抉擇

為了方便上一輩員工易於使用，查毅超在程式設計上全部
改以最簡單的序號功能，務求只須按功能表上的號碼便能
發單，以免員工覺得過份複雜而棄用。

查毅超花了大約一年時間，在工廠內建立整套現代化網絡
操作系統。老員工不時向他「潑冷水」，父母經營多年也有
他們的舒適圈。要平衡他們的想法，同時繼續推展自己的
計劃，查毅超採取「罵不還口，做不停手」的策略，深信
只要默默耕耘，做出成績，他們便會心服口服。

除了為工廠進行電腦化，從接單、採購、生產、出貨，到
接生意、搞研發，查毅超不斷學習熟悉工廠流程。有時工
廠訂單多，為了趕貨，開完銷售會議更會脫下正裝，加入
生產線做前線工人。

## 天下無難事

查毅超初回福田「實習」，也發生了不少饒有趣味，又有血
有淚的小故事。

當時，福田自製的產品，每次印刷公司商標時，會交由其
他絲網印刷廠加工。查毅超發現，與其找別家公司代勞，
何不自行印製？於是跑到九龍石硤尾一間絲印學院學習，

學懂後，碰巧在一本工業器材供應的雜誌看到一台移印機，便立即購入，並找那位賣機械給他的師傅，着他教懂自己操作，希望掌握技術之後再教其他員工使用。不過，在調試移印機墨盤時，他未按程序踩停墨盤才調試，結果移印機的刀從旁邊伸出，弄傷了自己，買了一個血的教訓。

80 年代後期，福田以做燈具為主，但競爭愈來愈劇烈。查文宗早年一直交其他公司代做電子零件，但成本高昂，查毅超不服氣，打算自己製造燈具常用的電子線路板。他首先去報攤買了一本無線電技術雜誌作資料搜集，發現自行生產，成本是外購的三份之一，於是立刻跑到香港的「男人街」——九龍深水埗鴨寮街找零件，自行生產燈具電子線路板。

就是這樣不怕困難並親力親為的作風，查毅超領導福田生產的電子線路板，從以往成本為每粒 3 元，下降到 1 元之內，公司產品在訂價上增加了競爭力，同時亦增加了利潤。

默默耕耘，做出成績，查毅超亦逐漸取得了父母的信任，放手讓他闖自己的路。雖然不一定所有事情也會順風順水，也有不少走彎路的時候，但只要步步為營，不讓自己在平衡木上掉下來，新的機會仍會不斷湧現。

九龍深水埗
鴨寮街

（上）
1980 年代福田
在深圳的廠房

（下）
福田深圳廠房內
的女工在焊接底板

建立磅王國

福田集團從生產小家電、燈具、造磅，到成為手執造磅牛耳的過程充滿傳奇，相信一般人也猜不到，建立「磅秤王國」，是查文宗與查毅超兩代人無心插柳而成的。

查毅超在 1988 年回港協助父親打理福田廠業務後，福田在香港的生產線逐步遷到深圳；與香港比較，深圳的廠房面積比較大，生產力大大提高。全新的平台，為福田未來的發展提供了新機遇。隨着查毅超在工廠工作的成績被父母接納，他在工廠的角色亦悄然改變，對有利工廠未來發展的想法及建議，父母亦放手讓他幹。

查毅超經常陪父親吃午飯、飲下午茶。一天，他和父親往公司毗鄰港島東的太古城商場吃午飯，碰巧經過一間店舖，赫然發現店內有一個機械廚房磅，與父親曾經製作的雷同。

福田廠一向只生產小家電，但回溯至 1975 年，查文宗曾經接到了一張訂造廚房專用磅秤的訂單。當年，德國製造廚房磅技術最為精良，領導全球。日本生產的廚房磅，內部結構的設計和製作方法都是學習德國。查文宗接過訂單後，仔細研究德國同類型機械磅，憑着一雙巧手，完成了訂單。福田廠至今還剩下一個廚房磅樣板，隨便放在工廠

一個角落。自幼在工廠蹓躂的查毅超,對這個被遺棄一旁的廚房磅,留下了深刻印象。

### 「零」風險造磅

目睹這台廚房磅與父親的大作幾近相同時,查毅超靈機一動,便向父親建議試造幾款廚房磅加入市場。當時香港做磅的工廠為數不少,有專做機械廚房磅、有專做機械人體磅、有專做電子磅,香港有三間上市公司做電子磅,圍繞着這些大廠下面,更有不少代工廠(OEM)。面對本地多間有名氣的做磅廠,查毅超沒有做嚴謹的市場研究,反正最大的風險只是陪上幾台樣機而已,造磅對福田來說,從「零」開始,大不了也是歸「零」,成本不高。因着這個緣起,查文宗重拾當年造機械廚房磅的手藝,製作出幾款磅秤樣機。同時在貿發局雜誌上購買一整頁廣告版面,把福田過去十年生產過的產品,包括燈具、鬚刨、汽車吸塵機、小工具等一併刊載。

廣告刊出後,有客戶查詢,核實福田是否一間洋行,因為洋行之間互相甚少有生意來往,以免削弱盈利。查毅超與父親研究後再調整宣傳策略,把產品分類刊登,一版作燈

1991 查毅超與父
親及哥哥到法國
Terraillon 公司洽商

具、一版做汽車產品、一版做磅秤。效果立竿見影,包括招來法國磅秤名牌 Terraillon(得利安)的垂詢。

## 有麝自然香

法國 Terraillon 當時是全世界第二大品牌製磅企業,工廠總部設在法國南部。90 年代初,Terraillon 為節省成本,開始將生產基地外移到發展中國家及地區,包括將電子磅交給台商在馬來西亞的工廠生產,機械人體磅產於愛爾蘭,但機械廚房磅尚未找到合適的工廠代工。

查文宗於 70 年代製作的機械廚房磅很特別,其他機械磅只靠一條彈簧,一個架驅動。福田生產的是一台扁磅,指針不靠彈簧推動,而是憑藉四塊鋼片形成一個金屬架的設計驅動來顯示重量。

法國對磅秤的精確度要求十分高,對進口磅有嚴格法例規定,磅的精確度必須符合某些計量學標準。即使製磅大國之一的德國,進口磅秤都沒有相關規定。當時查毅超交了一個機械廚房磅樣板給法國 Terraillon,通過了法國嚴格的計量學標準,最終接獲 Terraillon 所有機械廚房磅秤的訂單。福田的營業額,一下子上升了數倍!

父親查文宗與為
Terraillon 生產的
電子廚房磅

### 研發電子磅

與此同時，查毅超並未放慢福田的發展步伐，開始研發生產電子磅。電子磅的內部結構比做電筒電子線路板更複雜，除了線路板外，其中有一塊他不太懂的元件集成電路 (Integrated Circuit)，要懂得此技術殊不簡單。

本來，查毅超解決不了這個難題，打算暫且擱置此計劃。一天，他在福田的香港廠房看到門口擺放着一箱箱貨物，原來是一片一片的電路板，上面的電子零件，與電子榜電路板一模一樣。就是這樣，查毅超重燃生產電子磅的決心，想起了在美國加州 IBM 工作的長兄志超，便和大哥商討，希望他回來發揮專長，推動福田工程部的研發工作。大哥的加入，令福田在產品研發上快速發展，更在短時間內推出多款廚房磅、人體磅，甚至設計出一些千奇百怪的電子磅，成績斐然。特別是開發人體磅，當時的人體磅磅完之後顯示器不懂歸「0.0」，必須在磅的旁邊裝一個按鈕，上磅前要用腳踢一踢按鈕，歸「0.0」後才能站上磅。福田團隊努力研發，最終推出了全球第一款拿掉了磅邊按鈕，站上磅前不必踢一腳的電子磅。遺憾當年不懂得申請專利。

福田早期生產的機械廚房磅

1992 年，福田首款生產的廚房電子磅

法國 Terraillon 也在 1994 年將全部電子磅、人體磅、廚房磅、機械磅交由福田生產。此刻，福田集團已經超過了香港幾間上市同行，執行業牛耳。2002 年 Terraillon 在美國母公司出現財務問題，收到消息後，查毅超與二哥主動找到 Terraillon 的大老闆，收購了該法國公司。加上早前收購了和 Terraillon 同一集團，專門生產傳感器的 Scaime（世感），繼而於 2005 年再下一城，看中了法國里昂 MASTER K 數碼秤重感應器技術，可以儲存數據，能廣泛應用在工業，特別是在汽車磅上。其後與 MASTER K 洽商共同進軍內地市場，並於 2006 年成功收購 MASTER K。福田集團在短短數年，便收購了三間法國公司。

## 投資重初創

在經濟高速發展的大時代，不少香港工業家轉型，都喜歡涉獵房地產或餐飲生意，同時幹得非常出色。香港是個充滿投資機會的地方。查毅超唸商科出身，他的興趣卻在創新技術。

2008 年，法國分公司收購了瑞士一間初創企業，這間企業利用光纖，計算承受壓力的力度。光纖是利用光在纖維中，以全內反射原理傳輸的光傳導工具。光源投射包含了

磅秤的分類

磅秤按結構原理可分為兩類，分別是機械秤和電子秤。

機械秤使用機械原理來測量物體重量，以彈簧連接到指針，當物品放置到秤上，指針將根據彈簧的壓縮、拉伸程度，指向特定的刻度，顯示出物品的重量，常用於快速測量小型物品重量的場合，如街市交易時，商家通常會使用吊掛秤來快速測量蔬果或肉類的重量，從而計算出食品價錢。

電子秤使用電子重量傳感器，並將重力轉為電壓和訊號，最終在屏幕顯示物品重量，與機械秤相比，能提供準確到小數點的數字，因此常用於需要精準測量物品重量的場合，例如食品製作。

紅、綠、藍三種原色，亦稱為「三原色」。一旦光波受到光纖外力作用後，紅、綠、藍三原色的波長會發生變化。這技術就是量度光纖受壓之下，波長變化的距離，計算承受壓力的力度。

光纖量度技術被廣泛應用在風力發電機三個葉片上。特別是裝在海上及海邊的風力發電機，它們面對風速變化大的問題，因而影響風力發電機的壽命及發電效率。當遇到高風速時，貼在葉片上的光纖會感應到壓力過大，便通知風力發電機系統要減底葉片轉速。當遇到風力不足時，光纖便告訴風力發電機系統風力弱，可加快葉片轉速。此外，在路橋、石油氣鼓都會採用相關結構監測技術，保證路橋、石油氣鼓安全。

2005 年，福田集團整合了香港、深圳、巴黎、重慶四個地區的網絡管理系統，由 ERP（企業資源規劃）轉做 SAP（企業管理解決方案）。也因此與 SAP 建立了良好合作與互信關係，其後開設了本地的 SAP 顧問公司，也有不錯的成績。

對投資初創公司，查毅超有一套個人理念與原則，就是必須個人興趣行先。投資初創企業，關鍵是檢視公司狀況後，個人有角色可以幫到公司發展，這是一種投資。

何謂 ERP？

ERP（企業資源規劃）是一套軟件系統，協助企業營運整個企業，支援財務、人力資源、製造、供應鏈、服務、採購等方面的自動化流程。如果將「企業」比作手機操作者，ERP 可以理解成手上的手機。通過各類軟件，如天氣預報 app、心率監測 app、導航 app，手機銀行 app，通過連接網絡（雲），提供給足夠多的信息，讓手機操作者作出更加「合適的選擇」。

ERP 在企業上的運用，包括廠房、生產線、加工設備、檢測設備、運輸工具等企業的硬件資源。以及人力、管理、信譽、融資能力、組織結構、員工的勞動熱情等企業的軟件資源。ERP 系統的本質就是通過網絡技術，將企業硬件與軟件資源的信息整合在一起，提供相關數據，目的是讓公司管理層採取更加合理的決策。

不少初創企業的創始人會自己帶着項目找上門推廣，通常由二哥查逸超負責。查毅超強調，福田與其他創投基金不同，不會從純商業角度看投資項目。若投資過程中，查氏有角色可以為新公司作出貢獻，無論在企業發展、提供生產、市場開拓等方面的意見，總而言之，可以幫到企業發展，或者擔當顧問的角色，他們都有興趣。

## 集團獲表揚

福田從創業初期雜貨店式工廠，發展成為造磅王國，顯示了香港人勤奮、刻苦耐勞、善於把握機會、勇於吸納新技術的特點，搭乘中國改革開放快車，在深圳投資設廠，為福田集團快速成長創造條件。在良好硬件及創新思維推動下，福田集團在香港獲獎無數。

福田集團深圳廠高速發展的期間，當時，深圳市政府組織參觀外資廠，福田集團便是其中一間，福田規模不算最大，但麻雀雖小，五臟俱全。福田深圳廠只有三千多人，但廠內生產線包羅萬有，從電子、五金衝壓、塑膠、彈簧、黏貼等，生產磅的應變計，更是在無塵廠房內生產。古靈精怪生產設備，全部都有。2009 年，福田已經是深圳 500 強企業。

思考下半場

人到中年，更懂沉澱。查毅超開始思考人生下半場，是否
仍在工廠打滾？是否有更佳的跑道，可以讓自己更好地管
理自己的平衡？

自 80 年代改革開放以來，內地的營商環境起了翻天覆地的
變化。以福田為例，以往利用內地相對便宜的生產成本以
保持公司利潤，到後來，Terraillon（得利安）有些型號及
工序，因為生產成本太高，開始不適合在深圳福田廠自行
生產，反而外包給其他的民企進行加工，水準不錯，產品
質量仍然可以維持在高水平。2012 年，查毅超向二哥查逸
超表示有意改變深圳廠的經營模式，將生產改為外包，為
福田集團來一次轉型。

福田集團在內地經營工廠二十多年，擁有三千多員工，不
可說停便停，很多工作須要善後。但是福田能夠轉型的其
中一個重要因素，是公司擁有自己的品牌。只要一直堅持
向客戶提供高質量的產品和服務便可以。與民企合作初
期，為了保證質量與產量，福田甚至將舊廠房機器無償提
供給民企，協助資深員工轉職到民企，幫民企在生產上盡

第二代深圳查氏一廠

第二代深圳查氏二廠

第三代深圳查氏廠

重慶廠

快上軌道。採取連串針對性措施後，2012 及 2013 年兩年內，查毅超順利處理好三千多人遣散及機器安置問題。集團轉型後，公司的產量及回報率不跌反升。

福田深圳廠房轉型後，目前深圳公司仍有約 100 人從事生產製作相關業務，其中，50 人負責支援香港公司，包括工程、品質檢測、安排船期、採購等。另外 50 人負責產品相關的工作，例如稱重傳感器、應變計、高檔的顯示器等等。

### 香港新發展

福田集團一向也和各香港公私型機構合作，利用發展多年的磅秤技術，服務市民大眾。

福田過去已和澳門機場和瑞士巴塞爾機場合作，提供機場行李磅技術支援。行李磅研發項目，早前亦得到香港創新科技基金支持，技術已非常成熟，集團會繼續開發行李磅技術研究，與香港各大小機構合作，為市民提供服務。

另一磅秤技術與處理垃圾有關。由馬會贊助與商界環保協會（BEC）合作展開垃圾秤重研究，項目主要針對商場垃圾。香港的商場容納了各式各樣的商店，不同性質的商店產生的垃圾不同，服裝店與食肆產生的垃圾，重量與處理

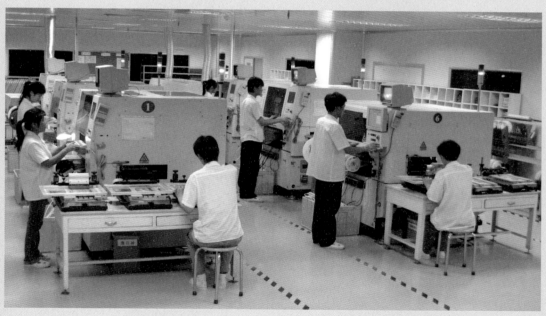

福田工廠內的
各種生產車間

方式不同。要解決垃圾分類，公平收取垃圾處理費問題，磅便發揮重要作用。研究計劃是將電子磅與我們常見的綠色垃圾桶有機地組合，便能產生「化學反應」。

以上的例子，正正反映了特區政府在創新科技方面其實投入不少資金，只要有公司願意投放資源，特區政府也會樂意支援。以福田研發的汽車磅為例，公司利用了法國里昂 MASTER K 的數碼秤重感應器，廣泛應用到汽車磅重方面，在農業、工業及建築業等行業都有使用。

在香港，建築廢料運往堆填區傾倒，須要徵費，由此衍生一連串的程序，汽車磅便扮演了重要角色。特區政府對進出堆填區的貨車，實施嚴格運載記錄制度，以控制廢物流向。政府要求貨車從地盤運走建築廢料時，運輸公司須妥善備存記錄，以便追蹤廢物的去向。因此，私人地盤要設置汽車磅，貨車裝載泥頭離開地盤前，必須經過地盤的汽車磅秤重，登記備案。貨車進入堆填區前，須在堆填區的磅橋上秤重，防止在建築廢料運往堆填區途中，在其他地區非法傾倒泥頭。貨車離開堆填區前，須在磅橋秤重後才能離開。這些舉措，可以為香港締造可持續發展的未來。

福田汽車磅

查毅超為設計汽車磅取得的專利，來自他在城大的博士論文。他設計將 18 米長的汽車磅分割成兩段各 9 米，即從 2 件變成 4 件構件。縮短了的汽車磅，首先可以順利放上貨櫃容易運輸。另外，查毅超嘗試利用蔗渣做模具結構，做好鋼筋架構再落水泥，利用蔗渣減低水泥用量達到減輕汽車磅重量，結果成功做了適合香港地盤使用，方便運輸的汽車磅。此項目獲香港中華廠商聯合會設備及機械設計獎。

兄弟闖難關

打理家族生意二十多年，查毅超經歷過兩大難關。1992年，原在美國 IBM 工作的兄長查志超回到福田集團，他的電腦知識令福田的產品及產量實現飛躍式發展，1999 年查志超證實患上癌症，遠赴美國求醫，不幸於 2002 年離世；同年，父親亦告患病過身。他強忍喪親之痛，更要一身兼三職長達兩年時間，是他經歷過最艱苦的歲月。長兄患癌病後，二哥查逸超也放棄在美國西北大學牙科學院的副院長一職，回港與他一起並肩作戰。

另一難關始於新冠肺炎。疫情肆虐，多國實施封城措施，福田集團的內地和法國的工廠在 2020 年 2 至 3 月，生產受到嚴重影響。可幸有危便有機，其他與醫療相關的訂單飆升幾倍。

永遠不放棄

雖然自己在福田集團做出一點成績，被人尊稱為「磅秤大王」，但查毅超覺得在學業上比不上兄長及姊姊，也會感到不順心。不過，他不會放棄，堅持自己的路，不時為自己找出平衡點。可幸的是，父母一直給他支持和鼓勵，給予他空間發揮，這是查毅超最感恩的地方。

查毅超的經歷像是個最佳的例證，說明「上天為你關了一扇門，必會為你開另一扇窗」，更重要是，成功沒有捷徑，也沒有永恆公式，關鍵在你有沒有放棄自己，朝着你想達到的目標而行。」

第四章

開拓創科路

廣東慣用語有一句話「做人要識分莊
閒」，做事不可不分主次、不懂大小。
切記不要以為自己是全世界最聰明、
最厲害。現實是天外有天、山外有山。

查毅超看重科技，不論是軟件開發及電子技術，他對香港的創科發展，有着舉足輕重的地位。

福田集團轉型後。查毅超多了點時間，未及細想如何好好利用，公職邀請已經開始一個接一個。生於斯長於斯，香港是他成長的地方，自然希望為此彈丸之地作出貢獻。

事實上，查毅超未及 40 歲便出任人生第一份重要公職，成為創新科技署下轄的應用科技研究院（Hong Kong Applied Science and Technology Research Institute, ASTRI）最年輕的委員會成員，由磅牽線，透過公職，自此與服務社會結下了不解之緣。

## 因「脂肪」結緣

查毅超多年來在管理公司業務方面表現出色，成就卓越。2004 年，查毅超參加香港工業總會主辦的香港青年工業家獎，時任特區政府創新科技署署長王錫基是香港青年工業家獎評審委員之一，負責為每一位獲提名的候選人進行面試。

王錫基熟悉科技界發展，與查毅超會晤期間，他非常細心聽取查毅超介紹福田集團開發脂肪磅的計劃，了解到查毅

香港工業總會
成立於 1960 年，多年來朝着四個方向為業界服務：包括代表香港工商業界向政府發聲，就商貿相關政策和法例出謀獻策、與內地及國際市場建立緊密的商貿關係，引領業界拓展本地和環球市場、照顧初創公司及中小企業，以至跨國集團的營商需要，通過引入應用新科技為工業界注入新動力、鼓勵創新思維和產品設計等多方面的發展，期望透過提升品牌價值和企業形象，為本港工業界開拓新機遇。

香港工業總會將各企業會員劃分為範圍涵蓋生物技工業、建造業、紡織業、電子業等 32 個行業。

香港青年工業家獎

超是根據一份於 1970 年代發表的相關生物醫學分析報告講述的原理，研發出脂肪磅。以此量度體脂的原理並不複雜，當用家赤腳站在磅上，磅表面會輸出不能感知的微電流通過身體。由於非脂肪（肌肉）組織和脂肪遇上電流時，會產生不同阻力，脂肪磅量度和分析電阻數據後，代入方程式，便可計算身體脂肪百分比。

查毅超順利贏得 2004 年香港工業總會頒發「香港青年工業家獎」。其後，查毅超決定自我增值繼續進修，2007年，完成了香港中文大學的行政人員工商管理碩士課程（EMBA），後來又在香港城市大學攻讀工程學博士課程，並於 2011 年畢業，取得博士學位。

「獲益良多」是查毅超總結自己在城大的學習經歷。同學來自不同專業領域，他特別珍惜如何平衡各人與自己不一樣的觀點，而與他們交流所得的啟發，更並非可以隨便在書本上學到。從修讀博士課程學到的研究方法，也影響了查毅超日後的處事方式和思考模式。除了有關工程學的專業知識外，他也運用這套思考方法於其管理技巧，每當須要作重大決策時，他學會了以更清晰的思路、更有條不紊的邏輯，高效地找出最佳的解決辦法。

（左）
2004 年查毅超
獲香港青年工業家獎，
從銀行家王冬勝
接過獎項。

（右）
2007 年中大行政人員
工商管理碩士課程
的畢業晚宴

（上）
查毅超於工程學博士
畢業禮與家人合照

（下）
2011 年查毅超在城大
工程學博士課程畢業

## 從工總出發

查毅超從小到大，不論工作還是發展自己興趣，都會以認真的態度，全力以赴，堅持信念，加上凡事愛親力親為的工業家特性，很快亦加入了香港工業總會，也開展了服務社會的悠長之路。

1992 年，查毅超首次加入工總，成為第 5 組「香港電子業總會電器組」的會員，他相信加入此組織，可以充實自己對工業生產的專業知識，同時擴闊視野。他十分投入這份義務工作，曾經聯同其他專業協會，為業界成功籌得巨額發展基金。

自從查毅超於 2004 年榮獲工總頒發的「香港青年工業家獎」後，他便成為了工總的「大忙人」，先轉到第 4 組「香港電器製品協會」，繼而加入了第 25 分組「香港資訊科技業協會」，並出任副主席。

最為人津津樂道的，是他與 25 組同組的同事一起研究，提出了一個資助年輕人的進修計劃。經他們向不同持份者推介及遊說，最終與香港大學合辦了一個專業進修課程，剛推出旋即收到八十多人報讀，每名學生只須支付港幣 1,500 元，便可以報讀原本需港幣 8,000 港元的課程。這個課程為工總未來申辦課程提供了一個很好的示範。查毅超也因

應用科技研究院

於 2000 年成立。多年來推動應用科技研究（可信及人工智能技術、通訊技術、物聯網感測與人工智能技術、集成電路及系統）以及技術研發（智慧城市、金融科技、新型工業化及智能製造、數碼健康科技、專用集成電路及元宇宙），並將技術轉讓給業界，以提升香港的競爭力。

此得到啟發，任何計劃只要認為值得推行，即使起首有點天馬行空，從來沒人提出過，透過討論和研究，未必一定沒成功的可能。

### 加入應科院

查毅超繼續在他的「另類創科路」向前邁進。在獲得「香港青年工業家獎」的一年後，特區政府創新科技署邀請他加入香港應用科技研究院 (ASTRI) 的董事會。當時的香港應用科技研究院委員會成員，不少是工商學界響噹噹人物，包括時任中文大學副校長程伯中教授、時任香港科技大學副校長錢大康等，董事局主席由黃子欣（偉易達集團主席兼集團行政總裁）出任。查毅超亦成為了香港應用科技研究院董事會內年紀最年輕的成員。當時來說，是一個十分破格的安排。

### 物流供應鏈

完成了香港應用科技研究院董事局成員六年任期後，2012年，創新科技署再向查毅超招手，邀請他出任物流及供應鏈多元技術研發中心 (Logistics and Supply Chain MultiTech

物流及供應鏈多元技術研發中心 2006 年由創新及科技基金撥款資助，香港三所主要大學（香港大學、香港中文大學及香港科技大學）協辦。自成立以來，中心則重於與物流及供應鏈行業相關技術的研發，以「政、產、學、研」的跨界合作精神，開創和促進本地工業自主創新科技發展。

R&D Centre, LSCM）技術委員會主席。當時 LSCM 每年從政府手上獲得二、三千萬研究經費，可動用的資源不少。

查毅超加入 LSCM 兩年後，開始接任董事局主席，他長期觀察物流及供應鏈多元技術研發中心運作，提出了一個看法，便是物流不應只局限於貨流，因為現代物流的概念與範疇廣闊，可以是人流、資金流、資訊流，甚至金融科技，都可以歸入物流及供應。

當然，每一次推動一些新的建議及改革，都不會輕易獲全體成員支持。當時，不少董事局成員，都是從事與傳統貨櫃碼頭相關行業的人士或行業組織。他們也有不少反對聲音。查毅超一向對「平衡」二字有點心得，想到了先邀請學術界向董事局成員介紹物流業的發展趨勢，同時舉辦了不少座談會及「腦震盪」工作坊，為的是讓各個界別人士更加深了解物流業的未來發展。最終制定了物流及供應鏈多元技術研發中心未來五年的技術路線圖，當中更把金融科技納入其中。

## 分工煮油雞

查毅超於福田廠生產磅秤，不斷為公司的發展轉型。他把當中的不少經驗也分享到不同服務公職的機構。其中一理

查毅超於 2021 至 2023 年度
理事會就職典禮中成為
香港工業總會主席

（上）
2023 年 2 月 7 日
查毅超代表工總與特首李家超前往中東
與阿布扎比工商會簽訂合作備忘錄

（下）
2022 年工總捐贈防疫物資
查毅超更親力親為幫忙運貨

念，是有鑒於公營機構在架構上常常不斷的膨脹，導至出現不少大白象，架床疊屋。查毅超用一個生動的比喻來形容：「要烹調一道『豉油雞』菜式，如果必須自己養飼雞隻、自己釀製豉油、自己磨煮麻油，加上要等待自己種的青蔥收成，結果是要不斷招聘專人加入廚房。其實，有不少人自己釀製豉油、麻油，種的蔥質量可能更好，何不集中精力，專注於烹雞的過程？」

查毅超用分工煮油雞的概念，嘗試協助 LSCM 集中資源，同心協力發展它們已經相當成熟的研究項目，包括天線設計、無線射頻辨識 (RFID)，以及區塊鏈技術 (Blockchain)。屬強項的，便保留相關項目的人才資源；尚在初期發展階段的項目，則可利用大學的資源，尋求與大學合作研究。只要和大學合作時解決知識產權歸屬問題，並制訂清楚各持份者的利潤分配，院校自然般很樂意探討不同合作方法。

查毅超在 LSCM 出任兩年董事、六年主席，任期完結，LSCM 每年從創新及科技基金獲得的研究資助額，從一千萬左右激增至接近一億多元。

（左）
2019 年
查毅超代表 LSCM
在物流高峰會致辭

（右）
2022 年 6 月 10 日
工總與香港理工大學
簽訂合作備忘錄

## 上任科技園

2014 年，查毅超剛完成福田集團的轉型計劃。特區政府創新科技署立刻邀請他加入香港科技園公司出任董事，查毅超亦欣然答應。從 2014 年到 2018 年四年間，查毅超出任物流及供應鏈多元技術研發中心董事局主席，同時兼任香港科技園董事。

香港應用科技研究院、物流及供應鏈多元技術研發中心與香港科技園三個機構，前兩者以推動科研為主，但香港科技園的角色更受社會關注，涉及更多、更複雜的因素、攤子更大，對查毅超又是一個新挑戰。

及至 2018 年 6 月初，創新科技署邀請查毅超出任香港科技園董事會主席一職，同年 7 月，他亦成為了創新科技署轄下兩個機構：物流及供應鏈多元技術研發中心 (LSCM)，以及香港科技園公司 (HKSTP) 的主席。」

## 香港的優勢

查毅超從大大小小的公職開始，展開了其另一種的創科之路，近年他馬不停蹄與政商學界走訪各地先進的科創發展國家取經，亦同時與內地前沿科創公司交流經驗，對香港

香港科技園公司

成立於 2001 年，前身是 1977 年成立的香港工業邨公司。香港工業邨公司當時管理大埔工業邨、元朗工業邨及將軍澳工業邨三個工業邨，面積達 214 公頃工業用地。

早期香港工業邨營運方式，是把已完成基礎設施土地（如土地平整、水電供應），以接近成本的租金，租予引進全新或改良技術工序而又不能在多層大廈內設廠的公司使用。工業邨土地租金便宜、租約期

長，目的是盡量使這些公司逗留香港。一是為香港的工業創造引進新技術，二是希望為新市鎮居民帶來就業機會。

隨着本地製造業及其他工業北移，政府對工業發展的方向，較傾向於引進高新科技的產業，多於鼓勵傳統的製造業或輕工業。香港科技園公司希望取代香港工業邨公司管理工業邨外，並積極引入高新科技產業。

的未來創科發展，他有不少從第一身參與其中而得出的一番獨特見解。

## 提出新概念

基於香港獨特的發展優勢，查毅超近年更提出了「RIF 生態圈」的概念，倡導三個由本地研發（Research）、創新製造（Innofacturing）及融資（Finance）生態圈，環環緊扣。在本地研發方面，香港擁有不少世界一流大學，地理位置優越，能將知識研究和產業開發緊密結合；創新製造方面，香港可以推動科研落地商品化，透過生產基建做到「香港創新、設計和製造」；而在融資上，香港金融中心的優勢更需要得到充分利用。通過這三大支柱的相輔相成，他期望本地先進工業發展可以結合人才、科技、資金和市場等元素，真正達到可持續發展的創科生態圈。

## 科技無界限

人和科技從來不應有界限。香港和大灣區不論商業或科技專才也好，除了可能個別相對敏感的項目，可以互通有無，不需存在限制。舉個例子，香港在 1990 年代發明「八達通」非接觸式智能卡的電子收費系統，是全球首個城市

科學園入園

位於白石角的香港科學園結合了超過 400 間主要研發五大範疇（電子、資訊科技及電訊、生物科技、綠色科技和精密工程）的科技公司。園區被定位作香港科技、科研和智能生活的基地，為用戶提供辦公室、實驗室以及儀器。除此之外，科學園透過創業基金為園內沒有經驗的企業提供免費的投資支援服務；透過天使投資脈絡為企業尋找潛在的投資者。

現時，科學園歡迎從事研究及開發產品、服務和相關程式、產品或生產工序的改進、資格評定及相關產品和支援的公司進駐成為租戶。而在創新技術、品牌認受性、市場覆蓋率、營運表現方面達到或有發展潛力成為世界級領導地位的公司將獲優先考慮。

使用這種電子支付系統，香港城市大學也是八達通研發的參與者之一，如何把香港開發的技術打進世界舞台，多發展更多如「八達通」這類成功例子，是需要不同界別人士同心協力去開創機會。

### 與內地接軌

十四五規劃，《粵港澳大灣區發展規劃綱要》公布，加上經歷了三年的疫情，香港重新出發，2022 年 6 月，香港回歸祖國 25 周年之際，國家主席習近平考察香港，其中一個重點行程便是考察香港科學園，並指出：「香港建設國際創科中心，既有基礎也有潛力」。

香港特區政府於 2023 年初公佈《香港創新科技發展藍圖》，為未來 5 年至 10 年的香港創科發展制定清晰的發展路徑和系統的戰略規劃，藍圖明確了香港創科發展的四大方向：完善創科生態圈，推進香港「新型工業化」；壯大創科人才庫，增強發展動能；推動數字經濟發展，建設智慧香港；積極融入國家發展大局，做好連通內地與世界的橋樑。只要配合大灣區 9+2 政策，香港在這個生態圈有絕對優勢，香港未來發展要定位在「香港國際創新科技中心」，連接大灣區成為生態圈的一部分。

#### 新界北發展藍圖

土木工程拓展署及規劃署在 2014 年開始了發展新界北部地區初步可行性研究。新界北位處邊境，毗連深圳，設有四個邊境管制站，包括在西面的落馬洲及落馬洲支線邊境管制站，以及在東面的文錦渡及羅湖邊境管制站。

研究的目的是為整個新界北部地區制訂規劃框架，包括善用禁區土地及區內其他未開發的土地、保育珍貴的自然和文化遺產，目的是以更有效的方式運用新界的荒廢農田和棕地。這發展計劃被認為是未來重要的土地供應來源，以建設新社區及發展現代化的產業，改善現有地區居住環境。

據立會有關「新界北發展」文件顯示，有關規劃坐落於「北部經濟帶」，可作科研、現代物流、倉儲及新興的產業；亦處於「東部知識及科技走廊」，能善用現有高科技及知識型產業和專上教育機構的優勢；並希望透過規劃新產業用地，善用這個地區便利來往深圳及粵東地區的優勢，把握區域發展的機遇。

2022 年 6 月 30 日，查毅超及時任特首林鄭月娥陪同國家主席習近平參觀香港科學園

### 融入大灣區

粵港澳大灣區建設不斷推進，一系列相關支持政策舉措接連出台，香港、澳門和內地九個大灣區城市加速融合發展。這個全國開放程度最高、經濟活力最強勁的區域之一，香港應該如何融入大灣區發展？香港鄰近的深圳前海、東莞、惠州、南沙和佛山，與香港有不少競爭。我們要清楚香港的優勢是什麼？

香港在「一國兩制」下，在地理、文化、語言與內地緊密聯繫，香港的大學教育和法律體系，香港的國際視野，都有獨特之處，能夠成為東西方橋樑的超級聯繫人，這是香港最大的優勢。香港不能做一些勞工密集型的工種，但可以從事先進、產品多元化的高科技產品。

### 發展新界北

香港政府目前正發展新界北地區成為創新科技走廊，落馬洲的河套、沙頭角的蓮塘、元朗的橫洲，由東到西連接深圳的邊境地區，加上白石角的科學園，以及原有的大埔、元朗、將軍澳工業邨，連成一個體系，將成為接軌大灣區的走廊通道。這佈局有利香港在不久的未來「再工業化」，同時可以結合科技因素，進行大型變革。

2022 年 4 月 22 日
先進製造業中心
（AMC）開幕

香港的土地資源一向珍貴，創新園（前身即工業村）是個拆牆鬆綁的良好示範。政策鼓勵工業村升級轉型，讓工業村內的公司甚至可以投入科技元素，相對以前，在資金用途上的規限，現在大大提高了發展的自由度。現時三個工業邨都開放轉型。為解決創科界尋找發展空間的迫切需要，經過三年努力，將軍澳的數據技術中心已落成啟用，毗鄰的先進製造業中心（AMC）亦於 2022 年完工，而大埔正建立 MARS 醫療用品製造中心。此外，有本地需求的食品及中藥等項目亦在研究中。

　　搶國際人才

在吸引人才方面，香港具極佳優勢。香港出入境方便、稅率低、科研基礎好、大學在世界的排名前列，在吸引國際高端人才方面具備得天獨厚的優勢。在特區政府政策帶動下，香港具備了發展高新產業的良好條件。

以科學園為例，其發展迅速，幾年間初創企業已由二百多間增至四百多間，數字尚在增加，增長速度超出預期。科技專才需要合適的工作環境，雖然白石角地方有限，面積只有 0.2 平方公里，但有差不多二萬人在科技園工作。近

科技園大力支持
香港不同類型的初創公司

年，科學園增添了不少生活設施，營造專業環境，讓在那裏的上班專才更有歸屬感。

同時，科學園又積極建立人才庫 (talent pool)，並與大學建立緊密聯繫。自 2018 年始，查毅超與香港各大學校長逐一見面，交心詳談，提出大學走進工業的理念，亦為大學科研帶來新契機。科技園公司在港大、中大、科大、浸大等多間大學的分屬校區，設置遠程中心，讓大學教職員和科技園接觸，讓有興趣投身科研的人才可以透過院校加入。

### 孕育獨角獸

在特區政府支持下，過去十年間香港已育成了 12 間獨角獸企業，其中 3 間就設總部於科學園，並相信很快有新的獨角獸出現。目前香港獨角獸企業包括開發人工智能科技的商湯集團 (Sensetime)、運送交付平台的 Lalamove、智能製造視覺 AI 的思謀集團 (SmartMove)。

與內地五百幾隻獨角獸比較，美國一定是暫時擁有最多獨角獸企業的國家，對比日本只有幾間，香港的排名一點都不低，但我們不會認為日本的科技發展水平低，韓國獨角獸的數字其實和香港也是差不多。

獨角獸
獨角獸企業（Unicorn）一般是指成立不到 10 年但估值超過 10 億美元以上，又未在股票市場上市的科技創業公司。香港有不少出色的初創企業被指已達獨角獸水平，如物流業的 Lalamove（貨拉拉），人工智能類別的商湯及思謀集團，金融科技公司 Welab（匯立）。

疫情前，查毅超更專程去了日本和韓國走訪了一些獨角獸企業，發現它們十分依賴大企業，並要大企業出資去幫它們開展創新業務，它們在起步階段，很多時被大企業收購，變成大企業中一部分。不少人懷疑這是否一個好的生態，但他認為這沒有好壞之分，這些獨角獸被大企業吸收了，不代表是結局，可能是另一個好的開始。重要的是尊重創始人，只有他才知道應該如何發展自己的創科公司。

推「官、產、學、研」

在推動創新過程中，「官、產、學、研」概念，是查毅超近年最全力推動的。目的是透過政府、企業、大學、研究院所之間的合作，實現長期的優勢相長、風險共擔、要素多向流動、組織鬆散結合的目標。

所謂「官、產、學、研」，一般說來，大學（university）和研究機構（research unit）擁有較豐富的知識儲量和先進的技術設備，以及較強的知識創新能力，其學術研究能力的開發，本身就孕育着未來經濟和社會發展的某些形態，表現為人力資本、內隱知識和智慧財產權。產業（industry）是指社會生產勞動的基本組織結構體系；作為產業外在表現形式或構成單元的企業，則具有較強的創新需求和催生

開發人工智能科技
的商湯集團
設於科學園的總部

高技術產業的物質能力，能敏銳地捕捉市場動態和人們需求。政府（government）擁有資金和組織調控能力，是技術創新政策和環境的創造者和維護者，能夠承擔一定的技術創新風險。

「官、產、學、研」的構思，是待初創業達到某一程度時，政府對其投入要減少，讓位給產學研去做多一點，這構思希望在 10 至 20 年內可以做到。大學在創科過程中擔當重要角色，香港這麼小的地方就有五間世界一百強的大學，全世界也找不到其他地方可以追得上這個數字。以美國波士頓地區為例，有很多大學，早在二十多年前已經容許和鼓勵教授與大企業合作，成就了 Google 等獨角獸。一班有眼光的創業者和一班投資者，參與大學及大企業合作，形成「官、產、學、研」的合作生態系統。投資科創一般不可能短時間見效，不可能今年投入，明年有回報，各方也需多點耐性。

科學園孕育了不少
成功的科創企業

以科技先行

對於初創企業，要留意須由改變商業運作模式開始，要以技術先行，例如香港市民都熟識的「順豐快遞」，能有今天的成就，就是它在初創之餘能大膽利用新的科技技術，把其打造成一支巨型的速運龍頭企業。再例如，有些很強的AI計算公司，在深入利用了高超的技術過程中，不是一開始就「順風順水」，而是經歷過不斷的研究和失敗，失敗再失敗，才獲得今天的成功。

城大「Tech 300」

有關大學如何推動科研與初創的氛圍，查毅超舉了母校香港城市大學早前推出的一個項目作例子。

2021 年 3 月，香港城市大學推出一個「HK Tech 300」創新創業計劃，由城大設立一個五億元資金池，目的是協助有志創業的城大學生、城大校友、城大研究人員，以及其他人士成立初創公司，令他們的創業之旅得以啟航。計劃目標是於三年內創造出 300 間初創企業，為城大學生提供多元化的教育及自我增值機會，同時將城大的研究成果及知識產權轉化為實際應用。

「HK Tech 300」將提供專業的培訓和指導，以及種子基金，以幫助學生團隊將創意轉化為初創項目，並會透過與工商界建立的網絡，為初創項目提供共創空間、天使投資和相關支持，務求將初創企業培育成為成功的科技企業。有志成為創業者的城大學生、校友、科研人員，以及有意使用城大知識產權成立初創企業的人士，皆可申請參與此計劃。

計劃從構思到推出，大學已獲多個策略夥伴支持，包括創新科技署、投資推廣署、科技園公司、數碼港、香港總商會、香港中華總商會、香港工業總會及香港中華廠商聯合會等；其他支持機構包括創投基金、科技行業協會、初創

2021年，城大推出「HK Tech 300」
創新創業計劃，嘉賓蒞臨大學出席啟
動禮，左起：城大校董會主席黃嘉
純、創新及科技局局長薛永恒、城大
校長郭位教授、香港科技園公司行政
總裁黃克強及查毅超。

加速器等逾 20 個機構和組織。計劃分為四部曲，由專業機構提供創業培訓、幫助初創團隊萌芽的種子基金、培育初創公司成長的天使投資，以至推動初創公司起飛發展的風險投資，全程扶持初創團隊踏上創業路。計劃具彈性，讓參加者可以按自己能力和背景，直接申請進入上述首三個階段。

直至 2022 年 6 月，「HK Tech 300」已有 302 隊初創團隊獲得 10 萬港元種子基金，49 間初創公司獲最高 100 萬元的天使基金投資。他們都正研發及推出多元產品和服務，涵蓋深科技、資訊科技和人工智能、生命科學和健康科技、金融科技、環保和教育科技。

他認為，提出此計劃實在是「偉人」。校方又接受這建議，並投入五億元，對計劃展示了城大的勇氣和擔當，實屬難能可貴。事實上，外間人士與機構談到扶持初創企業時，都不容易落實具體計劃。當他知道城大希望在五年內創造出 300 間初創企業，要實現預設目標，難度相當大。

環顧坊間同類型基金，城大的資金池是最大的。在政府配對資金計劃下，政府出 50%，大學和企業負責 50%，大學要做的，是如何刺激企業投入更多資金進入資金池，「做大個餅」。

### Tech 300 成功「孵化」的初創公司

香港城市大學大型創新創業計劃「HK Tech 300」，旨在三年內協助城大學生成立 300 家初創企業。其中的里索科技，專研發輕度和中度聽障人士適用的手環；聯手生命科技有限公司，設立以科學實證為基礎的香港護膚品牌 Factiv；超竹有限公司運用環保材料科學，設計出強度較一般天然竹高超過三倍的建築材料，且不釋出甲醛；以及 i2Cool 創冷科技，研發出無需使用破壞臭氧層的製冷劑的被動式輻射製冷塗料，更已獲香港專利，達至建築物淨零排放。

他寄望在「HK Tech 300」計劃中，可扶持 10 至 20 間像樣的初創企業。實現產、學、研一家。目前，特區政府對創科及初創企業日趨重視情況下，他對「HK Tech 300」更具信心。而查毅超作為城大資深校友組織——「城賢匯」的副主席，他認為這可以成為一個合適的平台，為城大籌募經費時發揮積極作用。雖然公職甚多，他也積極回饋母校，希望自己能成為香港工業界與教育機構之間的橋樑，包括在 2012 至 2018 年間，擔任城市大學系統工程及工程管理學系顧問委員會委員；2019 年獲委任為城市大學顧問委員會成員；2021 年，他更擔任城市大學資深校友組織「城賢匯」副主席，以及城市大學創新創業計劃「HK Tech 300」顧問委員會委員，在各層面支持大學發展及服務社會。

## 「莊閒」是法寶

近二十年的公職生涯與三十多年的「廠佬」經歷，讓查毅超對人生有不少感悟。他強調無論做任何事，永遠都要懂得分「莊閒」，不要以為自己是全世界最厲害的人。現實是天外有天，山外有山。

城賢匯
成立了超過十年，是城大一個跨學院、跨學科的校友組織，希望透過資深校友的資源、網絡和專業知識，協助母校發展和服務社會。已有超過 240 位會員。榮譽贊助人包括有城大副監督鍾瑞明博士、城大校董會主席黃嘉純先生及城大校長及大學傑出教授郭位教授。

城賢匯現任主席為梁少康博士。

處理大小事情也不可不分主次、不懂大小，適時管理平衡，是成功的關鍵。他語重深長的道：

「如果公司屬於自己，你可以支配或者發號施令，因為你是老闆。在商會、附屬於政府的機構工作，要搞清楚自己身份角色，要『擺正』主席或者董事身份，與行政管理人員之間的關係。簡單來說，在這些機構『我不是老闆』，凡事透過協商、合作的方式解決問題，不能隨便按己意支配別人。」

查毅超從小到大，都深明此道理，要懂得分清「時、勢、位。」古語曰「順勢而為，配義以道」。即懂得做人的尺度，做到知禮、識趣、知足、識局，能於進退之間正確地處理好人際關係。為人處事，把握好分寸，方能獲得圓滿。知道人與人之間距離的分寸，做事懂得時與勢之間的進退，不貪不戀，不偏不倚，方能做到遊刃有餘。這是查毅超遊走於商界與公職之間，獲得成功的重要原因。

## 懂知人善任

一個人的成功，用人之道十分重要。查毅超很喜歡愛因斯坦的一句名言，「每個人都是天才。但如果你用魚的爬樹能力來斷定一條魚有多少才幹，牠整個人生都會相信自己愚

蠢不堪。」他強調「人是各有所長的，就如負責清潔的工人，打掃的技巧一定比自己高。而自己在不同場景、不同的崗位、需要不同技巧，相互尊重，這樣才可以經常保持平衡的狀態。

查毅超喜愛的賽船運動，同樣有不同的分工哲學。掌舵與穿帆比較，掌舵者的穿帆技術未必及得上專責穿帆的，很少有人有能力勝任船上不同崗位，同時又能發揮出色。要贏得比賽，不同崗位的必須各司其職，彼此信任，船隊才有機會獲勝。

第五章
創新釋潛能

要不斷檢討制度來迎合時代的改變，

釋放學生潛能，對未來社會的發展，

至為重要。

## 推動STEM教育

香港是個多元經濟體，創新科技成為重中之重，對人才的需求也甚為殷切。以往，香港的教育制度常遭人詬病，更有所謂「填鴨式教育」，大大扼殺了莘莘學子的創意。

為了培育新一代創科人才，配合 STEM 教育興起的大趨勢，2022 年 7 月，香港工業總會與科技園公司邀請了香港一些中學，首次舉辦了一個名為「工業創科 × 創科體驗之旅」的活動，安排學生走進工廠，看看大眾耳熟能詳的科研品牌，學生有興趣的各式製造業品牌如「維特健靈」、「日清食品」、「益力多」，以及經營磁力共振（MRI）的公司等，希望通過愉快的參觀和學習氛圍，讓同學早日了解製造業如何應用科研成果，學會實用知識，教授學生以 STEM 解決問題，理解科學概念。

查毅超身體力行，團結了業界一班有心人一同推廣 STEM 項目，帶學生走出校園，看看香港的工業，更直接和學生交流，鼓勵同學即場發問。他還記得，有同學表示從來不喜歡科學，長大了希望加入創意工業拍電影。查毅超鼓勵同學：「STEM 其實不是那麼遙不可及的事情，大家認識的電影製作，其實加入了很多藝術科技和數碼科技，說到底，其實也是 STEM 的數據科學。」

*STEM 教育*
STEM 是由四個英文詞語首個字母結合而成的縮寫，即科學（Science）、科技（Technology）、工程（Engineering）及數學（Mathematics）四個學科。STEM 教育除了學科知識外，更特別着重培訓學生的邏輯思維、解難能力、創新技能應用、協作能力、創意力等，冀望學生能應對未來社會及全球因急速的經濟、科學及科技發展所帶來的轉變和挑戰。香港政府近年積極推動 STEM 教育，民間團體也積極配合，每年投入的資金過 10 億元，其目的是鼓勵學校舉辦更多 STEM 學習活動。

第一次的 STEM 活動十分成功，查毅超更準備組織一個推廣 STEM 活動的機構，可以去參觀科學園、物流及供應鏈多元技術研發中心、科技公司，以及產業相關的博物館。

## 思考軟硬件

查毅超接觸過不少內地、香港甚至海外的大、中、小學生，發現他們很喜歡 STEM。他因為工作關係，經常與大學的教授談起香港現在的大學生，發現教授也喜歡把現在的學生與早期的學生作比較。以前香港學生升讀大學，如果沒有修讀物理科，便一定不可以選工程系。但今天讓有潛質的學生補讀高中物理或數學後，他們同樣可以選修工程系。他樂見社會願意不斷檢討制度來迎合時代的改變，釋放學生潛能，「這對未來社會的發展，至為重要。」

查毅超回想自己在十多歲時，都會在工廠當暑期工，所以很早便接觸到與 STEM 相關的技能。但時移世易，很多家長也不願意讓子女到工廠工作，企業一般也不聘用年紀太輕的中學生。所以推行 STEM 教育，學校和家長也要相互配合。

學校方面，會否有足夠相應的軟硬件配套發展？能否提供一個專門職位針對 STEM 教育；最理想是有一套 KPI（Key

Performance Indicator）關鍵績效 EM 指標，幫助評估 STEM 進展。現在很多老師只是自發性推廣，不辭勞苦，帶學生去參加不同的 STEM 項目和活動，只要成為一個關鍵績效 EM 指標，全校的資源便可以更集中，上下協力，一同推廣 STEM 教育。

家長方面，應了解自己的子女是否想讀和 STEM 有關的課程，即使唸讀金融，完成課程，將來也可在金融科技上作出貢獻；要教育家長用更寬闊的視野，提供足夠空間供子女發揮。

除此之外，家長可陪同年輕人多到內地走走。大灣區的本地生產總值和韓國差不多，人口是香港的十倍以上，香港融入大灣區發展，與三、四十年前的改革開放比較，以往兩小時的車程，今天可以只花二十分鐘。年青人應該到大灣區內的不同城市看看，了解當地的發展情況，並且多掌握機會和內地年輕人交流，可能會產生一些新的想法，有助日後自身的發展。除了大灣區，西南地區、華東地區都有很好的企業。年輕人不妨多走走，接觸內地不同領域，做科技的可跟科技界交流，做文創藝術的，內地亦有不少文創藝術工作者，只要多接觸，雙方都必定有所裨益。

查毅超育有四個孩子，四個孩子均在外國和香港接受教育。大女兒 28 歲，在英國讀書；二兒子 19 歲，三兒子 13 歲，小兒子 11 歲都在香港讀書。

他是許多人眼中的成功典範，事業家庭兩不誤，如何平衡自己的各種角色呢？他說，平常日子自己周一至周五都上班，包括公司的事和公職的工作，忙得不可開交。但一到周六及周日，他就不好意思再外出應酬了，老老實實在家陪伴家人。

## 贏在起跑線？

查毅超作為四個孩子的家長，在養育孩子的過程，他亦總結了不少心得。他處理家庭關係的方法，本身就是一種平衡藝術。

查毅超工作繁忙，與太太的分工相當清晰。媽媽負責照顧小朋友的起居生活和飲食，以及課餘活動，是「娛樂組」。爸爸則負責小朋友選擇學校讀書，申請入學，面試準備等，是「學術組」。在家中，查毅超是嚴父與慈父的混合體。與子女相處，查毅超要不怒而威，女兒和兒子最怕爸爸立眉瞪眼，用威嚴目光怒視他們，或者不理他們。他說：「嘮叨太多，子女習慣了，反而會出現反效果。」他在

查毅超
與太太
和子女合照
攝於 2012 年

管教上很嚴，偶爾有點冷酷，但與子女的關係依然十分密切。這一點，可能是從父親查文宗身上學到。

翻譯家楊絳道：「一個家庭留給孩子最好的家產，不是房子，車子和票子，而是良好的家風和家教。」其實，生男生女都一樣，關鍵看你怎麼去教養他們。查毅超不要求孩子一定要考進名牌大學，他認為，個人的資質和水平很重要。凡事不應強求，反而只要打好基礎，前面的路自然好走。

查毅超分享了大女兒之求學過程，從中可以看到他對教育的看法。

女兒初中入讀由天主教教會主辦，一間紀律嚴明的學校。及至高中，轉到國際學校唸書。由一所規條甚多的傳統學校轉至校風相對自由的學校，女兒開始不注重學業。查毅超於是想到，送女兒先到外國求學，但目的地不是美國，而是英國，希望女兒在有規律的學校學習和生活，讓她重拾讀書的興趣。她亦語重心長的勸導女兒，到英國讀中學要奮發圖強。只要成績好，不愁上不到大學。

他憶述送女兒入學的情景，仍然歷歷在目。當女兒完成所有入校手續後，走入宿舍，打開窗戶，映入眼簾是一片田園景色，遠處傳來陣陣「咩咩」羊叫聲。查毅超認定，這

2019 年
查毅超與家人
合照

就是正確不過的選擇，寧靜的環境，女兒可以不受干擾。果然，她的成績開始進步，最後順利到美國升讀大學。「收拾心情讀書之下，果然很快考第一。」查毅超滿懷安慰地說。

查毅超認為，香港的教育制度對學生和家長造成了巨大壓力，學生要面對大大小小的測驗和考試，苦不堪言。

家中老三唸初中，每晚溫習至深夜一時，連查毅超也懷疑這是否必要？他便鼓勵老三，只要找到自己的興趣，最終能升上哪一間學校，應該還是他自己的選擇，日後的路如何，努力之餘，隨心便可以。

為了讓小朋友「贏在起跑線」，為此，有家長千方百計逼迫子女接受各式各樣的訓練。查毅超對此表示理解。他認為人一定要讀書，學會知識；第二要明白，讀書是必須的；第三，一定要從讀書發掘小朋友的興趣，更要及早發現小朋友的興趣，才有時間和機會給予針對性引導。例如小朋友喜歡藝術、喜歡音樂拉小提琴、彈鋼琴，又或是喜歡讀法律。有的小朋友經常什麼都爭論，分析能力特別強。每一個人都有自己的獨特性，不可能像倒模一樣複製。

有些父母窮一生之力，目的就是要孩子考入最頂尖的大學，但請緊記，入讀頂尖大學並非終點，他們日後要走的

路才最重要。查毅超強調，家長要平衡自己對孩子和孩子自己對自己的期望，其實孩子選擇的科目，要適合孩子自己的性格。倘若他不是個很有組織能力的人，將來便未必輕易成為一個管理人才。家長要平衡自己的思想，不可以把一些個人虛榮的想法，強加在孩子身上，這將影響孩子心智和成長。

父母複雜的心情和對孩子的期望，需要如何不斷作出調整，是一門很大的學問。

第六章
耐性與平衡

不知道下一刻會被水流帶到哪裏，到了下一步，便須投石問路，方為上策。

未能管理自己，平衡情緒，其實於事無補。

月皎皎水超超，對熱愛玩帆船的人來說，大海茫茫，要
「聽風看水」，才能人船合一。人生如航海，查毅超由唸
書、加入家族生意、到擔任社會公職，家庭、事業各方面
也表現出色。縱使不會永遠順風順水，但他一直沒有偏離
成功的航道，成就了精彩的人生。

## 耐性與平衡

帆船運動給了查毅超最大的啟發，便是此運動儼如人生的
縮影；順風時，可以不費吹灰，還有空欣賞沿途風景；暴
風時，磨練的卻是心智，展現的是毅力、耐力及體力，對
目標和信念堅持堅守，這尤其對於他擔任多項社會公職來
說特別受用，自從他接觸了帆船運動後，有感這其實是一
項系統工程（system engineering）的運動，日常與不同界別
人士合作，其實也是系統工程的一種。

「知人者智，自知者明。」查毅超很清楚，不論在公司、
在科學園和工業總會與別人共事，你一定不會懂得所有事
情，一定有人比你強。但有機會學曉如何與不同角色的持
份者平衡相互協作，知道誰最厲害，誰人緊接，誰是第
三，以及誰不在位可以馬上找誰代入。特別是在公職平台

上，從來也不是「個人表演」，而需要團體合作，知人善任，變得十分重要。

賽船是一項互動性和操作性很強的運動，從升起主帆，掌舵到變換方向，如何借助風力，每個崗位都需要親自動手操作，不僅需要體力，也要用智力去追風，更重要是明白這是團隊合作的運動。

查毅超說，在團隊合作中，領導者的角色是要平衡各方；在平衡各方意願的同時，最重要能讓大家同心去做一些事情，執行時也需要一步一步建立，漸漸獲得團隊支持，不能貪快，跳過任何步驟。與賽船一樣，簡單到把繩子放上輪子，也要規定好不同風速需要多少圈數，不能隨心所欲，必須有耐性地一步一步按部就班地做，這正正是系統工程學的體現，帆船運動鍛鍊人的耐性，令人更看重平衡。

## 享受痛爽感

查毅超身材健壯結實，是個愛好運動的人。年輕時愛打羽毛球、網球、打籃球，但都是劇烈運動，引至傷患不少，曾因為打羽毛球至小腿肌肉撕裂，甚至十字韌帶受傷，需要入醫院治療，其間太太一直陪同在側。看着躺臥在床上，強忍痛楚的查毅超，太太勸服他不要再做劇烈運動。

### 帆船

帆船是一種戶外水上運動，可分為競賽型和休閒型，兩者對帆船的硬件要求截然不同，前者以雷射型帆船最為常見，船身呈流線型，單帆設計也令轉向更為靈敏，但這也意味更考驗運動員技術，需要時刻調整帆面和風向的角度，因此良好的決策能力和肌力都至關重要。

休閒型帆船則較為大型，講求安全和舒適度，因此比競賽型帆船更易操控，而船上的生活空間也更大，足以容納廁所、廚房、艙鋪等。

雖然查毅超非常享受運動後那痛爽的感覺，但始終不可以太任性，令家人擔憂，就停止了打羽毛球。

查毅超沒有鍛鍊一段日子，那時候，基本上沒參加任何運動。一天，他和幾位老朋友吃飯聚會，大家不約而同面對同一身體狀況，當中有一個朋友很愛玩滑浪風帆，且玩得很出色，為了這興趣，更搬入長洲居住。於是朋友中有人提議，何不一起玩帆船？坐言起行，經朋友介紹找到一位豐富賽船經驗的師傅，自此便與帆船結緣，六個人一起跟師傅學玩帆船。

查毅超說，大家學了兩個月，很快便掌握了訣竅，六個師兄弟覺得很好玩，也玩得起勁，很充實。又有人提議，不如六個人合資買一艘船，買一艘大一點的船。幾個朋友更堅定地說，我們不參加比賽，只是為了玩玩消遣，隨意玩帆船，因此第一艘買的帆船不是賽船。

買入這艘帆船不久，開始想接受更大的挑戰。有人提議不如試試參加比賽，大家又一拍即合，於是再去買了一艘帆船用作比賽。

查毅超憶起，那時參加比賽的組別很有趣，如賽馬運動一樣，參賽輸了會減磅，贏了則加磅，現在參加比賽的組別不需要加入這些條件，即不能加減磅，帆船出廠時會給你

2013 年
查毅超與隊友獲得
第七屆中國杯帆船賽
冠軍

一張證書，你是這個評級就不能改，若要改進你的帆船，
其形狀不同的話要再拿去評級。他們最初參加的組別時贏
時輸，上上落落，一玩便多年。曾經參加香港環島賽勇奪
冠軍，正因為他們的賽艇與其他參賽的船有差別，評級上
可以減磅，而那些專業的賽船可能要讓賽百分之三十，如
果是環島賽並遇大風，全程四小時環島，即使其他參賽的
帆船速度很快，也未必容易贏過他們。當然，除了幸運
外，也有如何調較帆船的硬件技巧。同時師傅的助力和指
導也功不可沒，他們後來參加了由香港至深圳的中國杯，
再下一城，六個師兄弟也變得很有雄心。


## 伯樂不常有

所謂「世有伯樂，然後有千里馬。千里馬常有，而伯樂不
常有。」其實帆船運動不像其他運動一樣，只對體能有高
要求，帆船對體能、智慧、對心態，對克服自然都有較高
的要求。查毅超團隊六人感到很幸運，找到了一位有真材
實料的師傅，他已介70高齡，也沒有帶很多徒弟，但經驗
豐富，對風速、風向的掌握及判斷能力十分精準。

查毅超的師傅脾氣很大，很多人也受不了。但查毅超理解
師傅的脾氣，更經常代向隊友解釋：「我們的父輩以前學

查毅超認為帆船是
十分講求團隊合作的運動

師，也要面對脾氣很大的師傅。老一輩的師傅教授徒弟時，不懂得如何教人，師傅罵你是你做錯事，我們要想想，過程中做錯了什麼，從責罵中要學會觀察，接受被人批評，那一天師傅不罵你，你便是做對了，如師傅稱讚你，更證明你做得出色。」

查毅超六人被師傅罵，就會檢討錯誤，不明白的時候，便回家找資料重審白天的訓練情況，到底在哪裏出現了問題，各人也非常認真。

## 賽船重「風水」

玩帆船運動，對查毅超及其六個師兄弟來說既刺激又有挑戰性，他們志同道合，玩得開心快樂，真的不容易，大家不但可以相約一起玩帆船，有比賽或活動也能互通有無，還會彼此鼓勵打氣。賽船也是一項劇烈的運動，操作性強，不僅需要體力，也需要智力去追風，如何「聽風看水」，更大有學問。

帆船講究分工合作，操作帆船需要不同船員擔當不同的崗位，每個人的位置都十分重要，要學曉每個位置如何操作。有人在某一個位置操作一段時間後，可能會發現自己並不適合在那個位置，就要換第二個位置來試試。查毅超

自己就知道自己要做那個位置，也知道自己在操作上有不及其他人做得好的地方，但他通曉每個位置的操作，每當遇上有人因故出不了海，這時查毅超就馬上頂上其位置。查毅超喜愛掌舵，有些人不喜歡，並不是說他們不曉得掌舵，而是覺得很難，因為要看水流和風流，當中對水流的感覺要很敏感，水流只要有小小變動影響便很大，同時還要看帆上的繩，如頭風變側風，或者頭風再頭風等等。在海上天氣千變萬化下，要掌好一把舵，一點都不容易。他曾經參加過一場比賽，整場賽事坐在掌舵位置，全程一直看着那條帆，不少對手撞船時有所見，但由查毅超掌舵的便未試過撞船，實屬難得。

## 難忘的賽事

過去幾年，查毅超的帆船團隊參加過多次遠洋賽事，難忘的經歷有兩次，一項賽事由日本石垣島到台灣基隆；另一次由台灣基隆市去日本沖繩宮古島。最刺激是由台灣基隆駛去日本沖繩宮古島，一般而言，參加這些大型的海上帆船比賽，需要九個人分開兩組，每 4 小時換組一次，以確保大家有充足的時間休息。

查毅超還清楚記起，由日本石垣開船到台灣基隆，還餘 12 小時就到終點台灣基隆，本來大家輪流當值，那知師傅要求，如果不累就繼續開下去。那是一場 30 小時的比賽，查毅超足足開了 24 小時的船，中間只小休幾個小時，「現在回想，也感到特別辛苦和難忘。」

另一次由台灣基隆市開往日本沖繩宮古島。查毅超笑說，九個人起航出發，當初大家很有紀律，都按 4 小時換班一次，到了深夜 12 點，查毅超想找隊友換班時，發現九個人中有七個倒頭呼呼大睡，頓有「滿船清夢壓星河」之感。那時的海面完全沒有風，只有湧浪，單靠湧浪推着船走。加上船上的方向儀表已經非常陳舊，完全看不清楚方向。查毅超唯有倚靠天上的繁星定位。

這程船由深夜的十二點至第二天早上五點，只航行了 5 海浬，最不幸是，這次賽船中還有兩個師傅暈浪，其中一位師傅是負責煮食的。沒有人煮食，大家靠隨身攜帶的乾糧充饑，自己就靠太太在出發前為其準備好的能量棒維持體力。在 30 小時的航程中，查毅超總共駕駛了 21 小時，挑戰了身體的極限。整天沒有睡，在茫茫大海中晃呀晃，非常難忘，最終在這次比賽中獲得了第二名。

## 帆船的不同崗位

一般中大型的帆船會設有不同的崗位，隊員要互相合作、各司其職，才能令船隻順利啟航，以下是一些常見的帆船崗位及其職責：

船長在帆船比賽中扮演着舉足輕重的角色，作為領航人，他需要和不同崗位的船員保持溝通，並平衡各種因素，令船隻得以全速前進。

舵手操控舵輪，控制帆船前進的方向，因此需要了解風向、水流、船速等因素，並根據這些因素做出決策，確保帆船往正確的方向行駛。

主帆手負責調整主帆的角度，從而調節帆船速度和方向，因此需要立即認知到風向的改變，並根據情況調校主帆。

桅杆手負責升降帆布，調整帆桁和索具，和主帆手互相配合，確保帆布角度恰當，由於會在高處操作，因此需要具備靈活、敏捷的身手和良好的平衡感。

2016 年參加中國杯帆
船賽，從香港出發
大亞灣，過程驚險。

### 行到水窮處

玩帆船，最困難是遇到海面只有小風，或是沒有風。所謂風平浪靜的時候，不但枯燥乏味，對掌舵來說也是最大挑戰；在最難駕駛的時候，也最考驗人的耐性。就如在他們的團隊中，有師兄駕駛帆船的技巧十分高超，但一遇到風平浪靜的時候，便失去耐性甚至發脾氣。查毅超對此有自己的一套，其竅門是「無風都有水流」，讓水流推船，推到某個位置，起碼能讓船動起來，不能原地踏步，只去到那個位置，才知道有沒有風，沒有風便繼續推，總而言之，不能讓自己停留在一個「死位」，因為「行到水窮處」，可以「坐看雲起時」。帆船在平靜的大海上被推呀推，大家也不知道下一刻會被水流帶到哪裏，到了下一步，便須投石問路，方為上策。未能管理自己，平衡情緒，動輒發脾氣，其實於事無補。

新冠疫情最嚴重時，大家都暫停了一段時間沒有練習，隨着疫情放緩，他們參加了一個比賽，在香港水域內須用 30 小時走完一條賽道。碰考那天又遇到無風和無水流，原本當時大約有 30 隻船參加，當中超過 20 隻船在香港索罟群島附近停了 12 小時，查毅超要確保賽船不要撞石和撞船，

索罟群島
位於香港西南部水域、大嶼山以南，群島由大
鴉洲、小鴉洲、孖洲、圓洲及一些礁石，樟木
頭、龍船排、頭顱洲等組成。

於是與隊友一邊吃東西、聊天、睡覺，耐心等候天亮時起風，最後奪得全場第二。

## 笑看風雲變

風平浪靜的情況不常用，遇上驚濤駭浪、風雲變色的極端情況也要處變不驚。有一次，他們在東龍島遇到「打石湖」，當時完全看不清周圍的情況，當黑雲散開後才發現他們原來已被吹到近十公里以外，香港最南的蒲台島。遇到這種情況，唯一可以做的便是穿好救生衣，確保不要靠岸，以及不要撞到其他賽船。

在海上除了大風、大雨，大浪也會產生危險。有一次，團隊從深圳比賽後，在回港航程中，遇到 4 米高的大浪。在這種情況下，一定要「人船合一」，要不斷迎着大浪上，然後下浪，順應自然。千萬不能側行，否則大浪會從船的旁邊打過來，隨時翻船，非常危險。

石湖風

「石湖風」是一種由颮線引致的強陣風，通常在春末夏初出現。在華南地區，特別是珠江三角洲一帶的漁民，習慣將這種極端天氣稱為「打石湖」。「石湖風」由多個雷暴區或雷暴單體組成的強烈雷雨帶。「石湖風」不單來得快速，更伴隨各種惡劣天氣，包括強勁的風速，突變的風向，大雨，雷暴，甚至有冰雹及龍捲風。通常「石湖風」持續時間不長，短的15 分鐘，長的半小時，但因預測困難及破壞力強，對水上及戶外活動者造成危險。

2015 年
國際「台琉盃帆船賽」

參加帆船運動有一定的危險性，在兇猛無常的大海中，最
重要是發揮個人的智慧和膽量，憑藉足夠的經驗和技巧，
要讓整個團隊高高興興出發，平平安安回家。

## 支持年輕人

近年，帆船這項運動開始更為普及，坊間不少年輕人對這
項運動也產生興趣。查毅超也有看到一些生力軍，體力、
幹勁和膽量十足。他們也很有組織力，會計劃好整個賽季
七項賽事的分工，把賽船上每人的位置安排得很好，相比
之下，自己的團隊也有感不足。

查毅超為了讓年輕人實現賽船夢想，也樂意用較相宜的價
錢把船隻轉讓給他們追夢。即使公務繁重，他也會撥時間
負責船會的事務。誠如查毅超所說，帆船本身是一項「系
統工程」的運動，在自己的船上，協調每一個崗位，知人
善用。放眼四周，見到年輕人有賽船的夢想，查毅超一樣
希望盡己之力，嘗試圓別人的夢。說起上來，從玩帆船、
投入工作，到加入公職服務社會，查毅超總是親力親為，
全力以赴，但也從不自我中心，樂於平衡各方需要，成全
他人。放眼人生，成長何嘗不是一個系統工程：總得一步
一步來；要有耐性，也要懂平衡。

揚帆出海是查毅
超聯繫一家的主
要活動之一

## 個人獎項

| | |
|---|---|
| 2022 | 香港城市大學傑出校友獎 |
| 2006 | 「資本才俊」Distinguished CEO of the Year |
| 2006 | 「資本傑出領袖 2006」 |
| 2005 | 「資本企業家」最具企業家精神大賞 |
| 2004 | 「香港青年工業家獎」 |

## 政府

| | | |
|---|---|---|
| 03/2023 至 今 | 全國政協 | 委員 |
| 01/2006 至 今 | 重慶市政協 | 委員 |
| 03/2023 至 今 | 特首顧問團 | 成員 |
| 02/2023 至 今 | 引進重點企業辦公室 引進重點企業 諮詢委員會 | 委員 |
| 01/2023 至 今 | 商務及經濟發展局 專業服務協進 支援計劃評審委員會 | 主席 |
| 01/2023 至 今 | 推廣香港新優勢專責小組 | 會員 |
| 01/2022 至 今 | 工業貿易諮詢委員會 | 會員 |
| 06/2021 至 今 | 創新、科技及工業局 傑出創科學人評審委員會 | 會員 |
| 02/2019 至 今 | 創新科技署 InnoHK 創新平台督導委員會 | 當然委員 |
| 07/2018 至 今 | 創新科技署 創新、科技及再工業化委員會 | 當然委員 |
| 07/2017 至 今 | 創新及科技基金 企業支援計劃評審委員會 | 委員 |
| 10/2020 至 09/2022 | 「香港增長組合」管治委員會 | 委員 |
| 10/2011 至 09/2017 | 知識產權署 專利制度檢討諮詢委員會 | 委員 |
| 03/2010 至 06/2017 | 環境局 清潔生產伙伴計劃項目管理委員會 | 委員 |

## 政府 (續)

| | | |
|---|---|---|
| 03/2010 至 12/2016 | 機電工程署 電氣安全諮詢委員會 | 成員 |
| 08/2013 至 05/2016 | 創意香港 創意智優計劃<br>創意智優計劃審核委員會 | 委員 |
| 12/2005 至 12/2011 | 創意香港 設計智優計劃 設計業與<br>商界合作計劃審核委員會 | 成員 |

## 公營機構

| | | |
|---|---|---|
| 07/2018 至 今 | 香港科技園公司 | 主席 |
| 07/2014 至 07/2018 | 香港科技園董事會 | 成員 |
| 08/2019 至 今 | 香港貿易發展局理事會 | 成員 |
| 04/2020 至 今 | 香港貿易發展局 創新及科技諮詢委員會 | 主席 |
| 01/2015 至 12/2020 | 物流及供應鏈多元技術研發中心<br>有限公司董事局 | 主席 |
| 01/2013 至 09/2018 | 物流及供應鏈多元技術研發中心<br>有限公司科技委員會 | 主席 |
| 01/2013 至 12/2014 | 香港物流及供應鏈管理應用<br>技術研發中心董事局 | 成員 |
| 10/2006 至 10/2012 | 香港應用科技研究院有限公司董事局 | 成員 |
| 10/2006 至 10/2012 | 香港應用科技研究院有限公司<br>技術檢討小組企業與消費電子 | 主席 |

## 工商團體

| | | |
|---|---|---|
| 07/2021 至 今 | 香港工業總會 | 主席 |
| 01/2010 至 今 | 香港中華廠商聯合會 | 會董 |
| 07/2012 至 今 | 香港電器業協會 | 榮譽理事長 |
| 07/2017 至 06/2021 | 香港工業總會 第廿五分組<br>（香港資訊科技業協會） | 主席 |

## 教學團體

| | | |
|---|---|---|
| 01/2019 至 今 | 香港城市大學 顧問委員會 | 委員 |
| 09/2012 至 2018 | 香港城市大學 系統工程及<br>工程管理學系顧問委員會 | 委員 |
| 06/2021 至 今 | 香港城市大學 城賢匯 第六屆執行委員會 | 副主席 |
| 07/2021 至 今 | 香港理工大學 基金及管治委員會 | 主席 |
| 08/2019 至 今 | 香港中文大學 工程學院諮詢委員會 | 主席 |
| 05/2020 至 今 | 騰訊金融學院（香港）顧問委員會 | 榮譽顧問 |
| 03/2014 至 03/2020 | 香港理工大學 工業及系統工程學系<br>顧問委員會 | 主席 |
| 10/2017 至 2019 | 大學教育資助委員會 研究資助局<br>檢討專責小組 | 成員 |
| 04/2014 至 05/2023 | 東華學院校董會 | 董事 |

## 非牟利機構

| | | |
|---|---|---|
| 04/2006 至 今 | 香港外展訓練學校「衝勁樂」籌備委員會 | 榮譽主席 |
| 10/2012 至 2018 | 香港外展訓練學校董事局 | 成員 |
| 05/2019 至 今 | 香港社會服務聯會 長者創新科技 | 成員 |